★『农家书屋』特别推荐书系

》养殖技术类

母犊哺育和公犊育肥

陈幼春 王雅春/编著

湖南科学技术出版社

图书在版编目（CIP）数据

母犊哺育和公犊育肥/陈幼春,王雅春编著. —长沙:
湖南科学技术出版社,2000.5

ISBN 978 - 7 - 5357 - 4311 - 4

I. 母…　II. ①陈…②王…　III. 养牛学 – 基本知识
IV. S823

中国版本图书馆 CIP 数据核字（2009）第 061273 号

母犊哺育和公犊育肥

编　　著:陈幼春　王雅春
责任编辑:彭少富
出版发行:湖南科学技术出版社
社　　址:长沙市湘雅路 276 号
　　　　　http://www.hnstp.com
印　　刷:唐山新苑印务有限公司
　　　　　（印装质量问题请直接与本厂联系）
厂　　址:河北省玉田县亮甲店镇杨五侯庄村东 102 国道北侧
邮　　编:064101
出版日期:2017 年 10 月第 1 版第 2 次
开　　本:787mm×1092mm　1/32
印　　张:4
字　　数:72000
书　　号:ISBN 978 - 7 - 5357 - 4311 - 4
定　　价:16.00 元

前　言

　　养牛业是我国畜牧业结构调整中要特别加强的一个部门，农业部在"十五"规划中将其列为重点，包括奶牛业和肉牛业，分别按地域的不同给予大力支持，而奶牛业在不到4年的时间里发展神速，为农民致富提供了条件。肉牛业也从华北肉牛带、东北肉牛带迅速扩大影响，成为西部发展畜牧的朝阳产业；在此期间，南方的肉牛业正在悄然兴起，其发展速度之快也出乎意料。科技的力量无疑是在起着重大的作用。

　　奶牛业发展了，但奶公犊不能出奶，而且占出生牛的一半，要为之找出路。可喜的是，奶公犊可以肉用，但关键在饲养技术：奶公犊养得好，长大后才能出肉多，这也要求高技术，于是就有了公犊的开发、杂交系应用的问题。要进行牛的品种改良，要让农民养好牛，需要有可产出高档牛肉的日粮配方，同时要有合乎卫生和绿色食品标准的屠宰线和优质牛肉切块的分割方法，才能产生最大的经济效益。这样的一条产业链正在形成。湖南加华生物科技发展有限公司已于 2003 年启动了这条产业链，并取得了长足的进展。为了更好地服务生产，致富农民，我们萌生了撰写这本小册子的念头。动手后，几易其稿，终于形成目前这本小册子，但深感粗糙，算是抛砖引玉吧。书中引证了同行好友历年来提供的许多科研报告、资料，并得到他们的指导和热情支持，值此机会，特表谢意。

　　由于本人学识有限，准备的资料不足，书中错误或引证不到位之处在所难免，在此特表歉意，盼此书问世之后，读者和同行批评指正。

　　本书的出版得到了湖南加华生物科技发展有限公司的资助，在此表示感谢。

作　者

目　　录

第一章　初乳利用和犊牛代哺

现在的奶用犊牛培育都是人工哺育的，由母牛带育犊牛吃奶7~8个月，不适应专用的乳业生产。同时，肉牛业的重要资源之一，是来源于乳用牛的公牛犊。在牛的性别控制没有解决之前，牛的初生犊有一半是公的，在以往，为了降低成本，出生公犊牛大多数于1周之内都宰杀了，并没有用做育肥，是一资源上的浪费。牛不在500千克体重时屠宰，而在40千克时屠宰，大约损失280千克的牛肉。

在乳业发达的国家，奶牛头数占养牛总数的一半以上。在英国牛肉产量的75%来自黑白花（与荷斯坦牛是同一品种）奶牛；在荷兰牛肉的80%来自弗里生牛（也是黑白花牛的一个分支）和低地红白花牛两大奶牛品种；在法国牛肉的55%来自几个奶牛品种，如弗里生、诺曼地牛、蒙贝利亚牛、东方红白花牛、弗留利红白花牛、阿尔卑斯褐牛等。由于奶牛纯种繁育水平很高，这些国家只从顶级的或核心群的奶牛中选留种公牛。一些不需要留种的奶牛，或者与肉牛品种杂交来的公犊，甚至母犊都供肉用。纯种的兼用品种公犊也提供肉用公犊。荷兰的"小白牛肉"年产量达14万吨以上，主要是用于出口，获取大量外汇，是奶业生产之外一笔很大的收入。

2002年，中国奶牛头数达历史最高记录，为596万头。以可繁母牛占奶牛群的76%计算，每年有454万头母牛投产，以80%产犊的话，可得363万头。近180万头母犊用人工哺育，每头哺育用奶要从1.2吨下降到0.3吨的话，可以节省0.9吨奶，全国节省162万吨奶，可提供大量的商品奶。其中公犊为183万头，按肉用牛来饲养，相当于2002年新疆和辽宁两省一年的屠宰数，也就是25万吨牛肉的来源，是值得重视的。

本书介绍的犊牛利用初乳和人工哺育方法，适用于母犊，也适用于奶公犊。公犊肉用可用于三种牛肉生产：一是小白牛肉，属高档牛肉类的一种；二是小牛肉；三是青年牛嫩牛肉。奶公犊的肉用是牛肉生产的重要组成部分。那么，奶牛产业越发达，为肉牛业提供的牛源越多，是十分可观的资源。

幼犊的利用，首先要选择健康活泼的个体，最常见的是利用精料来喂养。但必须有一定的代乳品或牛奶。用精料搭配适当的情况下，肥育出来的肉用公犊与用牛奶哺育的牛犊所生产的小牛肉在质量上是一样的，此时只是小牛肉在颜色上要深一些。生产的目标之一是白牛肉，即提供胴重为90～100千克的犊牛胴体。在生产其他小牛肉时，使终重达到近200千克，或者生产嫩度好的青年牛牛肉，育肥终重达到500千克以上。本书将对幼犊饲养管理进行以下几方面的介绍。

一、初乳的利用

初乳是母牛分娩时最初生产的乳汁。初乳含有各种抗体，能保护初生幼犊抵抗一些细菌的侵袭，同时初乳含有浓厚的营养物，能量高，对幼畜有保护作用。乳用牛种分泌的初乳量很大，除饲喂初生犊牛之外，余量很多。这种情况母牛养殖户是知道的，但如何用初乳来喂养好初生犊牛和用好剩余的初乳却相知甚少，初乳的保存向来很差，因此浪费很大，非常可惜。初乳的充分利用既可以将奶公犊养成肉用牛，也可把奶母犊培育好，是两方面都有用的。

初生犊无论是否肥育作肉用，初乳对犊牛出生后前3天是不可缺少的。

（一）初乳的营养成分

母牛产犊后在前6次挤出的乳汁，都认作初乳。根据科尼利的数据，每次挤的初乳在营养成分上有很大的区别（见表1-1）。

表1-1　牛的初乳和常乳的营养成分

营养成分	初乳收集次序数			常乳
	1	3	5	
总干物质%	23.9	14.1	13.6	12.9
脂肪%	6.7	3.9	4.3	4.0
蛋白质%	14.0	5.1	4.1	3.1
免疫球蛋白%	6.0	2.4	–	0.09
维生素A 微克/100毫升	295	113	74	34

　　头一次挤得的初乳尤其可贵，因为它的营养成分特别丰富。当犊牛吃不完的时候，要把它都挤出来保存，以备哺犊之用。

　　如果把剩余的初乳贮藏起来，很有用处。如有的初生犊因母牛死亡而吃不到初乳，喂给其保存的初乳，对保证初生犊的存活十分有利。初乳中的免疫球蛋白比普通的乳汁（亦称常乳）多35～70倍，第1天的初乳比第3天的初乳多3倍。尤其是4岁以上的母牛分泌的初乳比头胎母牛分泌的初乳含有更多的抗体。按美国明尼苏达大学的测定，前2次挤出的初乳营养最好，经产牛的初乳具有更丰富的营养价值（见表1～2）。

表1-2　各胎次母牛前3次挤出的初乳中的史疫球蛋白（毫克/毫升）

母牛胎次	首次挤初乳	第二次挤初乳	第三次挤初乳
第1胎	29.8	23.5	14.3
第2胎	30.5	22.4	11.4
第3胎	33.9	26.6	16.8
第4～第7胎	41.6	36.6	24.9

　　注：据明尼苏达大学有关报道。

　　初乳中的抗体来自于母牛血液中的抗体的主要成分，能使初生犊更早地具有抵抗外界细菌侵袭的能力。所以，喂初乳要尽可能地早。初乳中干物质含量达到近1/4左右，是高能、高蛋白质的营养来源，其能量相当于常乳的2倍。对于初生犊只能够摄取少量奶的情况下，初乳，尤其是首次挤出的初乳喂给幼犊是十分重要的。

（二）初乳对幼犊的保护

免疫球蛋白有三类，即 IgA、IgG 和 IgM。幼犊获得初乳后可以被动免疫。免疫球蛋白是初乳中蛋白质的一种，来自于母牛血液中的蛋白质，是浓缩到初乳之中的物质，它是一种抗体。通过细胞的吸收作用抗体被转运到牛犊小肠周围的淋巴液中。吸收后能将全部抗体的 20% 转入到犊牛淋巴系统。

幼犊喂给初乳应该不少于 2.5 升，才能使血液中免疫球蛋白达到和维持最高量。在时间上必须在生下的 8 小时以内保证给喂，而且是越早喂越好。因为 8 小时以后，幼犊小肠对免疫球蛋白的吸收能力快速下降。幼犊在出生后 24 小时也有继续吸收免疫球蛋白的能力，但吸收力大大下降。不同母牛初乳中免疫球蛋白的免疫能力都是一样的，所以当某些母牛由于某些原因挤不出初乳时，可以用前 1~2 天产过犊的母牛挤出的初乳来喂用，这是有效地保护幼犊的方法。

研究证明初生犊第一次吮吸到初乳之后，会使小肠加速降低对免疫球蛋白的吸收。但仅靠幼犊自己去吮吸母乳，往往又得不到足够的初乳，反而会不利于犊牛成活。实践证明，奶牛场中有 30%~40% 的初生犊在生下后吃不够初乳，是造成犊牛死亡率高和体质不良的原因之一。

人工喂奶时能确定饲喂量，一般是在 8 小时以内，保证给幼犊喂第 1 次，初乳喂量要达到 2.5 升。如果出生后 24 小时才喂给初乳，会有一半的初生犊的血液中无法检出免疫球蛋白，死亡率会提高。保存得不好的初乳在肠道内被吸收时，可能产生反作用，使较大的蛋白质分子（如：细菌）也被吸收。如果大肠杆菌在这种情况下也被吸收了，进入血液后会引起败血性感染症，即引起血液中毒症，造成小牛死亡。试验证明，未曾喂过初乳的幼犊，人为地将大肠杆菌引入小肠，细菌就会留在小肠中段和末段，进入细胞，使吸收大肠杆菌的细胞表面破裂和受损。此外，脾脏和肝脏中也可发现侵入了大量细菌。如果同时向幼犊喂入初乳和大肠杆菌，或者在引入大肠杆菌之前已喂过初乳，就不会在肠道内发现大肠杆菌，也不会有细菌侵入小肠细胞中去。此时小肠细胞不会破损，小牛的肝脏和脾脏就不会有细胞侵入。

对以上情况作简单的小结：

1. 要充分地利用初乳，才能使幼犊获得免疫力和提供营养。

2. 第 1 次分泌的初乳，能最好地保护幼犊的免疫球蛋白，使其顺利地被吸收。但随后幼犊对蛋白质的消化能力很快下降。

3. 初生犊的胃，还不能产生大量的消化液，因此免疫球蛋白，不会受到破坏。

4. 幼犊对初乳中抗体的吸收，只限于最初 24 小时，其中最有效的吸收时间是出生后 8 小时之内。

（三）初乳的保存方法

初乳有这么好的作用，能不能保存起来再用呢？答案是肯定的，初乳有极大的经济好处，尤其是对于初产母牛8小时以内拒绝哺犊的，或者其他原因乳房过于肿胀，不能挤奶等情况，储存的初乳大有用场。

初乳的保存要用防酸性腐蚀的容器，用冻结的办法或者酸类去保存。

冬季气温严寒的，或者摄氏零度以下的地区，用冻结初乳的办法就可以达到目的。在其他季节也必须用酸处理，或发酵处理，或化学处理的方法。在适口性方面，幼畜最不喜欢的是化学处理的初乳。不过用化学处理的初乳喂幼畜，在生长上，这种幼畜与其他处理法饲喂初乳的效果是相似的。保存的方法大体上有以下几种：

1. 发酵法。发酵法有天然发酵和人工发酵两种。

天然发酵是让初乳在容器内不加任何有益菌任其发酵。人工发酵是指加乳酸菌、双歧杆菌等来发酵。但是无论用哪种方法，容器都必须是干净的。在装入初乳后，将一般可以做酸奶的菌种接种入内，然后密封好。天然发酵之所以可行，是牛奶中通常会有一些微生物，能利用乳中的乳糖自行产生乳酸，达到保存的目的，乳中的抗体和营养也会得到良好的保存，但天然发酵的初乳一般会损失一些营养成分。

2. 化学处理法。用化学处理时常用的保存剂是醋酸、蚁酸或丙酸。化学法比天然发酵更能降低腐败菌的数目。

3. 经过处理的初乳通常在 −5℃ ～ −6℃ 下可以保质 1 个月之久，甚至更久。这些发酵初乳都会形成凝块，饲喂前可以加水，但必须充分搅拌，将乳清与脂肪层、凝块搅拌均匀，否则达不到应有的效果。

（四）用保存好的初乳喂养奶犊的办法

从表1－1已知，初乳的营养成分比常乳（即全乳）的成分高。直接取用保存过的初乳来喂小牛，可以提供更多的营养。通常情况下，用水进行稀释。喂初乳的量可以按小牛体重的5%～6%来计算。这相当于用8%～10%的全奶量来喂犊牛。用水来对初乳时，大体上按头一次挤出的初乳2份对1份，到3份对1份水，视天气冷热而定。常规情况下，以荷斯坦牛种为例，1头母牛所分泌的初乳足够1头犊牛16天的需要量，有很大的经济效益。如果是不想留种的小公牛，喂奶量可以只用一半，这样就可以保持犊公牛1个月的喂奶量。如用于饲养肉用牛犊，不足部分用混合精料来代替，成本就可以降低了。

二、废弃奶汁的利用

废弃奶不是指初乳。当母牛因为乳房炎或其他疾病用过抗生素治疗，这样的奶不得用作人的食品。但是可以用于喂养小牛。在小牛长成之后，抗生素已排尽，没有残留，仍然属于绿色食品。来源于经过抗生素治疗母牛的乳汁，可以用发酵法或化学法处理保存，但是，其发酵作用较慢。要加倍使用乳酸菌或其他可以做酸奶的菌种。

必须注意的是，作为生产犊牛肉的小牛，如生产白牛肉，因为在幼龄阶段就要做肉用，只能在饲喂的早期，如头 3 周，用这种乳汁来当做饲料奶，喂量可以控制在每天每头 5 升左右。作为母犊用的饲料，在生长中抗生素的作用已经消失，不会影响母犊成长后的产奶质量。

三、代奶日粮方案

用代奶肥育牛犊，一般在幼犊体重达 150 ~ 160 千克时（少数到 200 千克）屠宰。饲料是代乳品，主要目的也是生产白牛肉。

（一）饲养栏舍要求

母犊的哺育和公犊育肥在第 1 个月，要用个体牛栏（图1）。每头犊牛各自打耳号，每头单独一个喂奶桶。隔栏可防止犊牛互相舔吸，地面要铺填草。牛舍要防贼风，保持干燥是首要条件，为此填草要保持上层干松。舍向朝南，要有阳光。犊牛在喂奶后要抹干其嘴边奶汁，以免养成卷舍舌裹奶的恶癖。冬天牛栏不必刻意地生火加温，寒冷时可以给盖秸秆关紧门窗。犊牛的隔栏长 1.5 米，宽 0.6 米。3 ~ 8 头可以设一个共同的活动栏区，喂完后放开，任其自由活动。如果育肥的批次多，第 2 个月开始，犊牛在 10 头左右的围栏内饲养。遇到好天气，要放小牛在户外栏内活动（图2）。

（二）代乳品配方

代乳品的配制，要用 30% ~ 60% 的脱脂乳粉（不必喂予人用脱脂奶粉）。蛋白质占 22%。动物油脂可用禽类油脂或干酪素、加葡萄糖或淀粉，占 10% ~ 50%；维生

图 1　犊牛栏示意图

图 2　犊牛群体牛栏示意图

素和矿物质占 1%～2%。用牛奶代料时，要增加脂肪和蛋白质，要使日粮含 18%～20% 脂肪和 20%～22% 的粗蛋白。在犊牛达到第 5 或第 6 周龄时，将脂肪量提高到 20%～24%，粗蛋白提高到 18%～20%。

配牛奶代料时，最好的蛋白质饲料有：脱脂乳蛋白、酪乳蛋白、全乳清蛋白、酪蛋白质、乳清蛋白、浓缩乳清蛋白、水解鱼蛋白以及大豆类加工后的蛋白，可以选用价格便宜的用之。脂肪可用猪油、饱和油脂、氧化植物油和液体植物油等。

代乳的配制中，一般要用 72% ～78% 的脱脂奶粉，15% ～20% 的动物性油脂，1% 的大豆磷脂，其他为谷类细粉、葡萄糖和乳糖，0.5% 的维生素和盐类。

市售的犊牛代乳粉有荷兰进口酸奶粉，荷兰进口肥奶粉、奥氏代乳粉、NRC 推荐代乳粉。自行配制的代乳粉可参见下表，有 6 种：

表 1 - 3　犊牛乳配方　　　　（%）

组　成	编　号					
	1	2	3	4	5	6
乳精粉	46	32	21	34.5	38	41
脱脂奶粉	19	51	36	–	–	–
酪酸粉	12	–	–	–	–	–
半浓缩乳清粉	–	–	25	25	25	10
浓缩乳清粉	–	–	–	–	–	10
大豆改性蛋白	–	–	–	–	17.5	–
鱼粉	–	–	–	21	–	20
脂肪	23	15	16	17.5	17.5	17
添加剂	–	1.9	1.9	1.5	1.5	1.6
赖氨酸	–	–	–	0.3	0.3	0.2
蛋氨酸	–	0.1	0.1	0.2	0.2	0.2

　　犊牛的饲喂，可以依次挑选，如从 1 号配方开始，约 35～40 天，用 24～30 千克。如果再用其他的某一种配方取代时，换料时要有 3～4 天时间，逐步过渡，喂到出栏，或喂到 1.5～2 个月，再转用谷物日粮配方。

　　代乳粉的稀释方法。饲喂前先用凉开水将代乳粉按 1:1 冲调，充分搅拌直到无团块为止。再用开水调到 60℃ 左右，临喂前加凉开水调到 38℃～39℃。用水量在调时最好用 1:7～1:8 的比例。1～2 周后，水的配比到 1:6，直到结束。平均日增重为 1000～1200 克。全代乳粉饲喂的小牛有独特的乳香，而无任何膻味。估计的报酬为每增重 1 千克用 1.4 千克干物质。

　　牛奶的温度是饲喂上的第一要点，奶温一定要保持 38℃ 上下。前 2 周龄时，在二次喂奶时，要给每头犊牛 1～2 千克微温水。还要特别注意犊牛的食欲。到 6～7 周龄时，更应该关注的是，一旦发现犊牛食欲减退，要立即减少喂奶量。

　　喂量的控制取决于购入牛犊的大小和健康状况。初期的饲喂量是逐渐增加的，可参考代乳和奶量规程（见表 1～4）。

表 1－4　代乳和奶喂量规程

开始后天数	每次喂代乳（千克）	喂水（千克）	喂奶（千克）	干物质（%）
到达日	喂 1～2 千克矿泉水或温开水			
2～4	0.12	0.88	1.00	12.0
5～7	0.150	1.10	1.25	12.0

续表

开始后天数	每次喂代乳 （千克）	喂水 （千克）	喂奶 （千克）	干物质（%）
8～9	0.180	1.30	1.50	12.0
10～12	0.210	1.55	1.75	12.0
13～15	0.240	1.75	2.00	12.0
16～18	0.270	2.00	2.25	12.0
19～21	0.300	2.10	2.40	12.5
22～24	0.350	2.35	2.70	13.0
25～27	0.400	2.60	3.00	13.3
28～30	0.450	2.85	3.30	13.6
31～33	0.500	3.10	3.60	13.9
34～36	0.550	3.35	3.90	14.1
37～39	0.600	3.60	4.20	14.3
40～42	0.650	3.85	3.90	14.1
43～45	0.700	4.10	4.80	14.6
46～8	0.750	4.35	5.10	14.7
49～51	0.800	4.60	5.40	14.8
52～54	0.850	4.85	5.70	14.9
55～57	0.900	5.10	6.00	15.0
58～60	0.950	5.35	6.30	15.1
61～63	1.000	5.60	6.60	15.2
64～66	1.050	5.85	6.90	15.2
67～69	1.100	6.00	7.10	15.5
70～72	1.150	6.00	7.15	16.1
73～上市	1.200	6.00	7.20	16.7

　　预期效果：喂养效果与管理是否精心有关。犊牛育肥的效果有好有坏，一般情况出入在10%以下。比如说：一天的日增重如果达不到1千克，报酬率会降低到1.6:1。

初次喂牛犊时，喂 1~2 千克食盐水（含食盐 10~20 克），然后喂给牛奶，一般是每 8 小时 1 次，3~4 天后转入常规饲养。必须注意，奶公犊可以异地育肥，犊牛运到牛场，要喂给食盐水，这是指已喂过初乳的个体。犊牛拴在个体牛栏后，给水是调理之意。如果犊牛已喂过数天的初乳，并健康活泼，可以不必再喂水了。喂代乳的预期效果见表 1-5。

表 1-5　哺喂代乳的预期效果

开始喂奶周数	活重（千克）	累计喂代乳（千克）
到达日	50	—
1	50	1.5
2	52	4.5
3	55	8.5
4	58	14.0
5	64	21.0
6	71	30.0
7	79	40.0
8	86	51.5
9	94	65.0
10	102	80.5
11	110	97.0
12	119	114.0

续表

开始喂奶周数	活重（千克）	累计喂代乳（千克）
13	128	130.5
14	137	157.5
15	146	164.0
16	155	181.0

四、谷物日粮方案

谷物日粮喂奶公犊是一种经济的培育犊牛的办法。奶牛场的副料往往可以利用，使育肥犊的活重达到 180～220 千克。要培育高产母牛，有草地放牧最好，否则要给予优质干草。如果是用来生产青年牛牛肉，在 18～20 月龄屠宰，那么在达到 100 千克体重时，要调教犊牛吃青草，或者干草，以促进瘤胃的发育。在达到 200 千克时改用精粗搭配的日粮。

（一）谷物日粮饲喂方法

谷物饲喂在前 4 周时，在牛栏结构、挑选牛源、环境条件及保健等方面的要求与牛奶日粮喂法是同样的，必须严格操作（如图 1）。数周后，将犊牛按 5～10 头分开，使每头犊牛有 2 平方米的地面。与代乳饲喂不同的是，谷物日粮要求前几周的喂奶量减少，给谷物是促进瘤胃发育，为此第 1 周就开始加料，并且喂水。喂奶或代乳时间必须保持 3～5 周。此时期内要减喂奶量，并要依个体而异，加喂一些干草。每日喂代乳量为 0.6～0.7千克时，连续 3 天犊牛健康良好，或者在从代乳用料量达每天 0.6 千克后，体重还能增加 8～10 千克，且健康良好，生长正常，就可以不再喂代乳。喂代乳的规程见表 1－6。

表 1－6　哺代乳阶段的饲喂规程 （每次喂量：千克）

到达后天数	代乳量	水	奶	干物质(%)
到达日	供水 1～2 千克			
2～4	0.12	0.88	1.00	12
5～7	0.15	1.10	1.25	12
8～10	0.18	1.30	1.50	12
11～13	0.21	1.55	1.75	12
14～16	0.24	1.75	2.00	12
17～19	0.27	2.00	2.25	12
20～22	0.30	2.20	2.50	12
23～25	0.35	2.55	2.90	12
26～28	0.40	2.95	3.35	12
29～31	0.25	1.85	2.10	12
32 日以上	0.12	0.88	1.00	12

　　谷物饲料需含粗蛋白不低于 16%，钙 0.6%，磷 0.6%，特别要注意的是铁的含量。为使犊牛肉保持浅色，日粮中含铁量不得太高，但是列诺试验站的材料证明，每千克日粮含铁在 80～200 毫克时，可以保持较好的肉色，如果超过此量结果是不理想的，建议的日粮配方有 2 个。而培育母犊却不必考虑这个问题。

表 1-7　谷物配方（配方 1）

成分	%	成分	%
玉米	49.0	酵母粉	1.0
麸皮	29.5	酸奶	2.5
豆饼	12.0	维生素 A	25000IU
肉胶蛋白	5.0	维生素 D	5000IU
骨粉	1.0	糖烯*	2～3

＊ 糖烯用来代替等量的麸皮，维生素 A 和维生素 D 是每日用量。

麸皮比较贵的时候用以下配方（表 1～8）：

表 1-8　谷物配方（配方 2）

成分	%
玉米	80.6
豆粕	15
骨粉	2
添加剂*	2
食盐	0.4

＊ 添加剂为牛用，含维生素类。

　　饲喂以上日粮的方式最好是用混合后的颗粒饲料，而玉米等谷粒最好是压扁的或碎粒。用以上成分的谷粒，必须每日喂完，吃不完的不得在饲槽内放过夜。试验证明，喂压扁料比喂整粒料效果可提高 7%。若喂整粒玉米时，犊牛体重可以超过 200 千克的话，用压扁料的效果更好。

　　在用高蛋白日粮时，粗蛋白质达到 34%，钙达到 3%，磷达到 1%，铁的含量水平为每千克日粮 300～350 毫克。饲喂方式也是以颗粒料为最好。若生产青年嫩牛肉时，此后，应改用饲料搭配日粮。

　　（二）整粒谷物日粮的搭配

　　整粒谷实的利用在犊牛日粮中，尤其在后阶段是比较经济的。通常是 1/4 按上述建议配方，加 3/4 的整粒玉米，最好从 8 周龄开始到 14 周龄时使用。在 14 周龄后，用 1/5 混合料，4/5 整粒玉米。若玉米是碎粒也可，但是不能用玉米粉。这段时期内有青草补饲更好。其重量大约是精料的 10%，比如说 14 月龄的每天约 3.6 千克的精料，可以给将近 0.4 千克的草，但生产的不是白牛肉。对母犊用的精料量要在 5% 左右，不能令其长肥。

　　预期效果。当黑白花公犊开始育肥，体重达 50 千克时，日增重可达 0.9 千克，饲料报酬可能为 3.1∶1，约在第 5 周时，每日喂 1 千克混合料。若在 20 周龄结束，活重达到 170 千克以上，每日喂混合料加整粒料的总量为 5.5 千克，总用料量为 388 千克。全期到 20 周龄总的精料喂量达到 388 千克，活重达到 175 千克（见表 1-9）。

表1-9 喂谷物日粮的预期效果

到达后周数	活重(千克)	精料采食量(千克)	
		每日	累计
到达日	50	—	—
1	50	0.10	0.7
2	52	0.20	2.0
3	55	0.30	4.0
4	58	0.50	8.0
5	62	1.10	15.5
6	67	1.80	28.0
7	73	2.20	43.5
8	79	2.50	61.0
9	86	2.70	80.0
10	93	2.80	99.5
11	100	3.00	120.5
12	108	3.20	143.0
13	116	3.40	166.5
14	132	3.60	192.0
15	132	3.90	219.0
16	141	4.20	248.5
17	149	4.40	279.5
18	158	4.80	313.0
19	166	5.20	349.5
20	175	5.50	388.0

五、保姆牛法和人工代哺奶

保姆牛法主要是肉用公犊催肥之用，用此法带犊是比较容易管理的肉用公犊饲养法，但是这种方法有别于繁殖群中由母牛自然带犊的培养方法，是专门指 1 头泌乳母牛同时带 2 头犊牛的方法。饲养得法的话，在母牛泌乳旺期可以同时带 3～4 头。为了提高育出架子牛的效率，保姆牛要选用荷斯坦（黑白花）和西门塔尔（黄白花）的母牛，譬如挑选已经要淘汰但尚在泌乳的老牛，或者能泌乳却失去繁殖能力的青年母牛。由于一个泌乳期长达 300 天，甚至更长，一头产奶量在 3000 千克水平的母牛可以带出 8～10 头幼犊，每头犊牛只许哺乳 2 个月。从购买的价格来看，买 1 头西门塔尔改良二代的母牛，只需不到 4000 元，是荷斯坦母牛单价的 1/3，在经济上是花得来的。母牛代哺 2 个月后，犊牛用谷物日粮或代乳哺育，到 200 千克体重为止，或者要喂到 500 千克体重，用常规饲料喂养。

公犊在出生后的头 2 天要用上面介绍的办法先喂初乳，1 天后人工调教保姆牛，让它接受其他母牛产下的牛犊。如在犊牛后躯和口鼻抹上这头母牛的奶或尿液，待其认可吮吸乳房方才成功。但是有的母牛就是不认可非亲生犊牛，这时候可以用人工哺奶法，其喂奶量和哺乳方法可参考上面介绍的喂代乳的方法。这个方法的优点是使幼犊在出生前 2 周得到较好的体重。

对于要催肥到 18～20 月龄的牛，为使后期犊牛在吊架子期生长得好一些，在出生后 30～40 天就应该让犊牛只采食青草、青贮等粗料，促进犊牛瘤胃的发育。这是使犊牛发挥补偿生长能力的管理措施，十分重要。2 个月

后，肉用公犊改为谷物日粮，改喂不能立刻改变，必须有
7～10 天的过渡，使之适应采食谷物日粮。

此时牛肉营养成分见表 1－10。

表 1－10　几种牛肉的成分

种类	水分	蛋白质	脂肪	灰分
小白牛肉	74.50	21.16	1.30	1.13
草灰色小牛肉	76.29	17.18	5.37	0.73
成年奶牛肉	64.85	16.98	17.70	0.47

图 3　母牛带犊情况

第二章　肉犊牛研究成果推广

一、妊娠、保姆牛和托保犊牛饲养技术

幼犊的营养全部依赖于母牛。出生犊牛能否顺利成活，依赖于妊娠后期母牛的饲养，因此犊牛的生产要从母牛妊娠期开始，提高胎儿出生后活力和母牛的泌乳能力。

黄应祥教授等于 1991 年就妊娠、哺犊肉用母牛和随母哺乳肉用犊牛营养需要进行了总结，该研究由山西农业大学有关的科研课题于 1984～1990 年完成，符合当前我国养牛业发展现实需要，特此推荐。

（一）肉用妊娠母牛营养需要的研究

肉用妊娠母牛营养需要的研究开始于 1984 年，选用 4～8 岁经产西本、夏本一代母牛 66 头次，进行了三期共 6 个不同营养水平组的试验。其结果如下：

1. 能量需要

前人研究已证明，牛妊娠胎的增重有 16% 是在 141 天内达到的，余下 84% 增重是从 142～283 天的后半期妊娠所达到的。因为妊娠前半期胎日增重非常小，营养需要也

非常少。故研究妊娠后半期的营养需要才具有实用意义。

研究证明，在维持的净能需要为 $0.322\text{MJ/kgw}0.75$ 的基础上，妊娠后半期不同妊娠天数（t），每千克胎增重需要的维持净能回归公式为：

NEm（MJ）：$0.19188t - 10.59054$，或

NEg（MJ）$= 0.10008t - 6.01948$，（$P < 0.05$）

犊牛初生重（Wa）与母牛体重（W）之间的回归公式为：

Wa（kg）$= 10.88 + 0.0492W$（$P < 0.01$）

本试验结果，分娩时胎总量（包括胎衣等）为犊牛初生重的 1.58 倍，结合上述资料，得到不同体重妊娠母牛的平均胎日增重（Gw）的计算式：

$$Gw（kg）= \frac{(10.88 + 0.0492W) \times 1.58 \times 0.84}{142}$$

（142 为妊娠后 1/2 的天数）

根据奶牛饲养提供的"牛妊娠各阶段子宫和胎儿的养分沉积"资料，得到不同妊娠天数的胎日增重系数（C）为：

$C = 0.00879t - 0.85454$

因此，不同妊娠天数不同体重母牛的胎日增重（Gm）为：

Gm（kg）：$C \times Gw = (0.00879t - 0.08545) \times (0.1017 + 4.6^{-4}W)$

根据以上公式，计算妊娠后期母牛的维持净能需要量

与我国奶牛饲养标准（1987）和 NRC（1984）标准的比较结果如下：

表 2 - 1　几种能量标准

体重（kg）	试验结果（MJ）	奶牛标准（MJ）	NRC 标准（MJ）
350	36. 20	39. 94	35. 06
400	39. 83	43. 00	37. 82
450	43. 37	45. 92	40. 46
500	46. 85	48. 81	43. 05
550	50. 26	51. 57	45. 61
合计	216. 51	229. 24	202. 00
平均	43. 30	45. 89	40. 40
相差		- 5. 88%	+ 6. 70%

从上表看出，本试验结果与此两标准接近，处于两标准之间。可供各地选择任一标准做计算的参考。

2. 干物质供给量

试验结果表明，妊娠母牛干物质采食量（DMI）与母牛的体重以及妊娠天数均呈极高的正相关（P < 0.001），共回归计算式为：

$$DMI = 4.762 + 4.918^{-3}W + 7.229^{-3}t$$

根据这个计算公式所求得的妊娠后期母牛干物质进食量与我国奶牛饲养标准（1987）和 NRC（1984）标准比较结果如下：

表 2 - 2　干物质供应量

体重(千克)	试验结果(千克)	奶牛标准(千克)	NRC 标准(千克)
350	8.05	6.99	7.40
400	8.30	7.52	8.20
450	8.54	8.03	8.90
500	8.79	8.54	9.50
550	9.03	9.02	10.20
合计	42.71	40.10	44.20
平均	8.54	8.02	8.84
相差		+6.1%	-3.5%

试验结果所得干物质给量与两标准接近，介乎两者之间，因此可作为参照。

（二）哺犊母牛营养需要的研究

1987～1989 年利用 44 头母牛进行了六组哺犊母牛试验，采用饲养试验测定营养消耗以及析因法与称重法结合，测定出试验牛各哺乳月的泌乳量。

1. 泌乳量与泌乳能量的需要

根据其平均乳脂率换算为 4% 乳脂率的标准乳（FCM）平均日量为：

表 2 - 3　标准乳平均日量

哺乳月	1	2	3	4	5	6
泌乳量(FCM)(千克)	9.24	9.11	8.48	6.70	6.20	5.27

本试验中，哺乳母牛平均每日用于泌乳消耗的净能（NEm）为：

表 2 - 4

哺乳月	1	2	3	4	5	6
泌乳净能（NEm）（MJ）	29.08	28.67	26.68	21.09	19.50	16.59

不同泌乳天数的泌乳量（FCM）回归公式为：

FCM（kg）= 10.14502 - 0.02924t（P < 0.01）

不同泌乳天数的用于泌乳的净能（NEm）回归公式为：

NEm（kg）= 31.9207 - 0.09198t（P < 0.01）

则不同泌乳月的平均泌乳量（FCM）及用于泌乳的净能（NEm）需要量为：

表 2 - 5　平均泌乳量及用于泌乳的净能需要量

哺乳月	1	2	3	4	5	6
泌乳量（FCM）（千克）	9.71	8.83	7.95	7.07	6.20	5.32
NEm（MJ）	30.54	27.78	25.02	22.26	19.50	16.74

根据上述结果，结合我国肉用牛的实际情况，提出不同泌乳月的最高（理想）和最低平均日泌乳量及相应的泌乳能量需要量：

表 2 - 6　最高、最低泌乳量及相应泌乳能量需要量

	哺乳月	1	2	3	4	5	6
最高量	FCM（千克）	9.8	8.9	8.0	7.1	6.2	5.4
（理想量）	NEm（MJ）	30.84	28.00	25.17	22.34	19.51	16.99
最低量	FCM（千克）	5	4.5	4.0	3.6	3.2	2.7
	NEm（MJ）	15.73	14.16	12.59	11.33	10.07	8.50

上表最高和最低两项平均值，正好与日本肉牛饲养标准相同。

2. 干物质进食量

哺乳母牛干物质进食量（DMI）与泌乳量呈正比（$P < 0.01$），在秸秆日粮时，其回归计算式为：

$$DMI = 0.062W^{0.75} + 0.413FCM$$

〔$0.062w^{0.75}$（kg）为维持采食量〕

（三）托保犊牛（随母哺乳犊牛）营养需要及补饲的研究

该试验于 1987～1988 年，与哺乳母牛并列进行，共用 44 头犊牛从初生到断奶作生长发育、吮乳量及补饲草、料等试验。结果如下：

1. 哺乳犊牛能量需要

哺乳犊牛能量来源于母乳及补饲的草料。母乳的多少，取决于母牛的营养水平。本试验测定结果，西本二代和西夏本改良的犊牛每千克增重所需能量（NEg）约为：NEg（MJ）＝（$8.816 + 0.0108W$）·Gi（Gi 为计划日增重）肉用犊牛计划日增重可参考表 2−7。

表 2−7　犊牛能量需要

月龄	1	2	3	4	5	6	断奶量
优良（理想）	0.95	0.95	0.85	0.8	0.8	0.8	不低于 190
低限	0.75	0.65	0.55	0.5	0.55	0.6	不低于 145

因此，犊牛总能量需要为：

NEg（MJ）＋NEm（MJ）

（NEm（MJ）为维持需要，即 NEm（MJ）$= 0.5314W^{0.67}$

2. 犊牛哺乳期干物质食入量

犊牛哺乳期干物质食入量（DMI）与犊牛的体重（W）和日增（G）呈高的正相关（P<0.01）。其回归的计算式如下：$DMI = 0.062W^{0.75} + (9.4242^{-3} \cdot W - 0.3677) Gi$（Gi 为计划日增重）

该试验哺乳犊牛的干物质采食量较我国奶牛、NRC和日本肉牛等饲养标准都低，其中与我国奶牛饲养标准较接近。

3. 补饲

随母哺乳的犊牛在 40 日龄以后给予补饲才有实际意义。群体补饲较个体补饲可提高干物质采食量 20%。犊牛爱吃青草，补青草可较秸秆多采食（干物质）12%。在自由采食下犊牛采食草料（按干物质计算）与日龄或体重呈高的正相关（P<0.01），与吮乳量呈高的负相关（P<0.01）。

试验得到的平均犊牛补草补料量，以及从草料所获得的干物质（DM）量列于表 2-8。

表 2-8　各月龄补草补料量

月龄	1	2	3	4	5	6
平均日食精料(风干)	0	0.16	0.6	0.87	1.20	1.50
平均日食秸秆(风干)	0	0.16	0.6	1.10	1.70	2.00
折合 DM	0	0.28	1.10	1.80	2.60	3.20

犊牛料参考配方：

枯草期：（1）当母牛饲养合理，处于高营养水平，因而泌乳充足。则犊牛料配方可用：玉米 42%，胡麻饼

55%、骨粉 2%、食盐 1%。

（2）当母牛的饲养水平低，预计母乳少时，犊牛料可取：玉米 20%、胡麻饼 77%、骨粉 2%、食盐 1%。

青草期：各种犊牛可用的补料配方为：玉米 70%、胡麻饼 27%、骨粉 2%、食盐 1%。

犊牛补饲，以采用"犊牛栏"为合适。请参考第一章。

（四）研究的意义

全国各种改良牛已达 1300 余万头，其中适龄母牛为 750 万头。由于过去对妊娠、哺乳母牛以及随母哺乳的犊牛等的饲养管理研究少，饲喂并不科学。因而繁殖成活率低，犊牛初生体重小，哺乳期日增重少，随之断奶体重偏低，断奶后日增重难以提高，使牛的出栏期延长，母牛第一胎产犊推迟，凡此种种连锁反应，严重地影响了养牛业的发展，并极大地降低了养牛的经济效益与社会效益。应用本试验成果指导母牛饲养，可预计获得：

（1）把牛的繁殖成活率从 35% 提高到 70%，可获犊 500 万头。

（2）犊牛 180 日龄断奶体重可从目前平均约 120 千克提高到不低于 150 千克。即每头断奶犊牛体重多增加 30 千克，每千克以 4 元计算，全国肉用牛犊可增值 6 亿元以上。

（3）若犊牛断奶体重不低于 150 千克，则公牛和阉牛育肥出栏可以从 24 月龄提前到 18 ~ 19 月龄，即提前 5 个

月左右达到 300 千克。由于缩短圈存，每头可减少投资
150 元。全国以出栏计算，增值也达 6 亿元以上。如果推
广到 5000 万头各类黄牛所生的犊牛，社会效益大约在 80
亿元以上。

二、糖业副产品在南方高峰牛的育肥技术

邹霞青等于 1991 年利用糖业副产品配制全价颗粒料
肥育闽南黄牛，该品种为我国南方高峰牛，为育肥牛生产
提供了可靠资料，很值得推广。

糖业副产品系指蔗髓，糖蜜和滤泥，据化学成分分
析：蔗髓含有粗蛋白 2.22%、粗脂肪 0.47%、粗纤维
40.38%、无氮浸出物 45.32%、粗灰分 3.06%；糖蜜含
糖量高达 52.7%，粗蛋白 13.1%，1 吨糖蜜直接作饲料，
其营养价值相当于 0.7～1.0 吨玉米粉；滤泥粗蛋白为
11.97%、粗脂肪 5.8%、无氮浸出物 24.32%。可见，糖
业副产品含有丰富的碳水化合物，能为反刍家畜提供较多
的能量和部分蛋白质。

我国拥有丰富的糖业副产品资源，据 1990 年统计，
全国甘蔗总产量为 5500 万吨，蔗渣约 1320 万吨（含水分
50%），糖蜜约 198 万吨，滤泥约 120 万吨。仅就福建省
而言，年产甘蔗量约 400 万吨，蔗渣约 96 万吨，糖蜜
12 万吨，滤泥约 6 万吨。目前，湖南省蔗髓除部分作为
食用菌和木糖原料外，其余多作为糖厂的燃料，很是浪
费。滤泥仅作为肥料，并已成为糖厂周围环境的污染源和

严重的公害。鉴于此，很有必要变废为宝，消除公害，将其开发利用作为牛的饲料，如能在我国9个产蔗省份同时进行，将为国家提供大量的廉价饲料资源，降低饲养成本，前景广阔。这些资源在广东、广西和福建、湖南、江西省都很丰富，用糖蜜和滤泥喂奶牛和生长牛的效果，值得推广，现引证于后。

（一）饲料原料部分

1. 蔗髓的碱化和制粒

蔗髓含木质素较多，为提高其消化率，必须进行碱化处理，每100千克蔗髓（风干物计）用5千克 NaOH，配制 NaOH 溶液浓度视蔗髓含水量而定，一般为25% ～32%，碱液直接喷洒在蔗髓上，搅拌均匀，堆放24小时，即可摊开晒干至蔗髓含水量在15%以下，以手用力紧握，放开后，蔗髓能松开为准，随即进行粉碎，通过1.5毫米圆孔筛（该试验限于设备条件，制粒环模孔径仅为8毫米），然后再与其他配料混合均匀。

2. 试验准备和预饲期

全部牛只集中饲养在同一牛舍内，同一管理条件，并用盐酸左旋咪唑、蛭得净和敌百虫等分别进行驱除体内外寄生虫，阉割去势。第Ⅰ、第Ⅱ、第Ⅲ组为试验组，依次喂Ⅰ号颗粒料（含糖业副产品48.0%）Ⅱ号颗粒料（含糖业副产品53.5%）、Ⅲ号颗粒料（含糖业副产品59.0%），第Ⅳ组为对照组，饲喂混合精料加稻草，详见下表。预饲期为25天，使牛逐步适应新的环境和习惯采食试验日粮。当预试期结束时，对各组牛只进行称重，于清晨空腹时进行，连称 2 天，取平均值。注射维生素 A、D 合剂，按每 100 千克体重每日 6600 国际单位维生素需要计算，每隔 15 天肌注 1 次。

（二）饲料配方和日粮营养水平

表 2-9　饲料及营养水平

饲料	I 号颗粒料（I 组）	II 号颗粒料（II 组）	III 号颗粒料（III 组）	混合精料（对照组）
糖业副产品	48.0	53.5	59.0	
玉米	32.4	28.0	22.8	62.0
麸皮	8.0	8.56	8.51	23.5
菜籽饼	6.8	5.2	5.0	9.0
豆饼	3.0	3.0	3.0	3.0
尿素	0.9	0.85	0.81	1.0
磷酸氢钙	0.3	0.3	0.3	
贝壳粉				0.8
添加剂	0.26	0.25	0.24	0.2
食盐	0.34	0.34	0.34	0.5
粗蛋白质*	13.73	12.64	10.73	16.10
增净能量**	2.68	2.38	2.13	4.76

* 福建农学院中心实验分析烘干样品。

** 据饲料营养成分表计算

表 2-10　平均每头日进食量及营养水平

组　别　　项　目	Ⅰ组	Ⅱ组	Ⅲ组	对照组 精料、稻草
饲料食进量（千克）	5.87	5.62	5.45	2.92　3.3
干物质（克）	5.0	4.8	4.7	5.5
粗蛋白（克）	806.0	710.4	584.8	554.2
增重净能（MJ）	15.7	13.4	11.6	15.6
钙（克）	56.4	48.9	39.8	15.6
磷（克）	42.3	38.2	32.2	14.1

（三）试验结果

1. 增重情况

在 84 天肥育期中，各组中的增重情况详见表 2-11。

表 2-11　肥育增重情况　　　　（千克，元）

组别	头数	平均体重					日增重比 对照组 提高%
		开始重	结束重	总增重	日增重	个体最高 日增重	
Ⅰ组	4	134.0	195.6	61.6	751	1079	20.9
Ⅱ组	4	137.6	204.0	66.4	810	894	30.4
Ⅲ组	4	134.1	188.1	54.0	659	1004	6.1
对照组	4	149.3	200.2	50.9	621	821	—

从上表看出，在试验中Ⅰ组平均日增重为 751 克，Ⅱ组为 810 克，Ⅲ组为 659 克，对照组仅为 621 克，以Ⅱ组平均日增重最高，且比对照组相对提高 30.4%，但经生物统计方差分析，结果各组差异均不显著（$P > 0.05$）。

2. 饲料报酬　详见表 2-12。

表 2－12　饲料报酬　　（千克，克，兆焦）

组别\项目	每增重 1 千克需要					
	颗粒料	混合料	稻草	DM	CP	Neg
I 组	7.82	—	—	6.66	1073.2	20.9
II 组	6.94	—	—	5.93	876.5	16.5
III 组	8.27	—	—	7.13	887.7	17.6
对照组	—	4.72	5.31	8.86	892.1	25.1

从上表看出，肥育期每增重 1 千克，I 组需颗粒料 7.82 千克，II 组需 6.94 千克，III 组需 8.27 千克，对照组为 4.27 千克混合精料和 5.31 千克稻草。可见，亦以第 II 组饲料报酬最高。

3. 肥育效益

该试验旨在研究肉牛肥育期中，采用廉价的糖业副产品取代青粗料和部分精料，以达到节省精料，降低成本的目的，各组颗粒料中所含的精料部分折算为增重需要量，比较各组间耗料情况。如表 2－13。

表 2－13　肥育效益　　（千克，元）

项目	I 组	II 组	III 组	对照组
每增重 1 千克需混合精料	4.06	3.23	3.39	4.72
比对照组节省%	14.0	31.6	28.2	
每千克颗粒料成本	0.557	0.542	0.508	*0.800
每增重 1 千克成本	5.25	4.50	5.05	5.60
比对照组节省%	6.3	19.6	9.8	
每增重 1 千克收入	—	6.36		
每增重 1 千克盈亏	—	+1.86		

从上表看出，第 II 组在肥育期中经对照节省混合料

31.6%，每增重 1 千克比对照组降低成本 19.6%，平均每增重 1 千克，可盈利 1.86 元，该组试验期平均每头总增重为 66.4 千克（见肥育增重情况）。故平均每头总盈利 123.5 元，可见，第Ⅱ组肥育效益最佳。

4. 屠宰测定

因受气候等条件的限制（正处酷暑季节），本次仅屠宰第Ⅱ组全部牛只，屠宰方法按《全国肉牛屠试验暂行办法》进行，结果详见表 2 – 14。

表 2 – 14　第二组屠宰测定结果（千克,%，cm²）

牛号	宰前重	胴体重	屠宰率	净肉重	净肉率	胴体产肉率	眼肌面积	优质肉重	肉骨比
11	171.3	101.5	59.3	87.3	50.9	86.0	74.2	30.8	6.1:1
1	166.4	90	54.1	75.3	45.3	83.7	63.0	25.8	5.1:1
4	207.3	107	51.6	89	42.9	83.2	54.8	29.5	4.9:1
7	199.8	107.8	53.9	91.8	45.9	85.2	57.4	29.5	5.7:1
平均	186.2	101.6	54.7	85.9	46.3	84.5	62.4	28.9	5.5:1

（四）小结和讨论

1. 该次试验结果，以饲喂第Ⅱ号颗粒组（糖业副产品占 53.5%）的肥育效果最佳，在试验期间平均日增重为 810 克，比对照组增重 621 克相对提高 30.4%，饲料报酬为每增重 1 千克，需要 6.94 千克颗粒料。折算结果，饲喂Ⅱ号颗粒料，节省精料 31.6%，降低成本 19.6%，在 84 天的肥育期间，平均每头可盈利 123.5 元，取得明显的经济效益。

2. 该次试验表明，可开发利用廉价的糖业副产品蔗髓、糖蜜、滤泥，搭配少量的尿素和部分精料配制成的肉牛肥育全价颗粒料，该料具有适口性好，牛喜食，易饲喂，省劳力，便运输，牛采食过程浪费少。但牛只反刍明显减少，个别出现腹部膨胀现象，宜改进颗粒料加工工艺，尤其加大出料环模的孔径至 1.0 ~ 1.2 厘米，增大颗粒，以加强对瘤胃的物理刺激，促进反刍活动，增进消化，提高对颗粒饲料的利用率。

三、犊牛早期断奶补饲技术

河北省肥牛育肥课题组进行了筛选适宜的犊牛开食补料试验。犊牛为早期（三月龄）断乳犊牛，15 ~ 20 日龄开始诱食、补饲，促进犊牛瘤胃容积尽快增大并建立较完善的微生物区系，使犊牛更早地消化利用植物饲料，利于犊牛早期断乳后放牧、补饲，同时可以减少哺乳母牛产后乏情现象，提高母牛繁殖率。

（一）试验内容包括

1. 犊牛开食补饲料配方筛选。

2. 犊牛早期（三月龄）断乳补饲效果。

3. 犊牛早期补饲，三月龄断乳后放牧、补饲至六月龄与随母牛哺乳、放牧至六月龄犊牛体重的比较。

试验于 1997 年 3 ~ 11 月份在隆化县"承德国林畜产品开发公司"肉牛育肥场和"隆化县南阳林场肉牛育肥场"进行，选初生日期、体重相近、品种相同的犊牛 40 头，分为 4 组（每组西杂 F_1 1 头、黑杂 F_1 3 头）。A、B、

C 三组采用不同饲料配方，15～20 日龄开始诱食的早期补饲组，补饲计量不限量。D 组犊牛随母牛哺乳、放牧。早期补饲组一月龄内日诱补 3 次，二三月龄时每日补 2 次。三组不同的配方见下表。筛选出增重最好的配方组犊牛三月龄断乳，单独组群放牧，改变饮料配方，限量补饲（4 月龄时 0.5 千克/日、头，5 月龄时 0.6 千克/日、头，6 月龄时 0.8 千克/日）。6 月龄时随母牛放牧，不断乳组 6 月龄犊牛的体重进行比较。

表 2-15　　不同混合料配方　　　（%）

项目 组别	玉米	小麦麸	豆饼	玉米秸粉	酵母粉	红糖	骨粉	食盐	综合净能 兆焦/千克	粗蛋白
A	70	12	10	2.5	3	1	1	0.5	8.94	13.65
B	60	13	19	2.5	3	1	1	0.5	7.89	17.13
C	56	15	21	2.5	3	1	1	0.5	7.92	17.62

注：A 和 B 组为混合料中的玉米、麦麸、豆饼、玉米秸粉糊化处理，喂前加少量牛奶。补饲铁素为硫酸盐 $FeSO_4 \cdot 7H_2O$，钠盐为 $NaSO_3$，各为 150 毫/千克物质，和 0.4 毫克/千克干物质。

试验结果：

不同开食料配方饲喂效果以 A 组最好。三月龄组平均体重 86.84 千克。B 组、c 组和对照 CD 分别为 74.84 千克、73.4 千克和 71.95 千克。对三组配方不同的三月龄犊牛的期内增重做 F 测验，组间差异显著。由于 B、C 两组差异不大，用 A 组与 B 组比较，差异极显著。试验结果见表 2-16。

表2-16　不同配方三月龄体重比较表（单位：千克、元）

项目组别	头数	开始诱食日龄	平均初生重	三月龄平均体重	期内头增重	期内 每头 耗料				增重比较	增加饲料费（每头）
						1月	2月	3月	合计		
A	10	15~20	31	86.84	55.84	0.48	1.11	6.91	8.50	136.36	11.9
B	10	15~20	32.0	74.8	42.8	0.49	1.17	6.3	7.96	104.51	11.14
C	10	15~20	31.4	73.4	42	0.54	1.27	6.57	8.38	102.56	11.73
D	10		31	71.95	40.95					100	

注：每千克混合料值1.4元。每千克活重为8元。以上表可看出A组配方补饲，每头可增加收入86元左右，效果最好。

补饲A配方混合料三月龄断乳时开始，至六月龄平均体重为143.05千克。不补饲随母牛吮乳、放牧组D六月龄平均体重118.5千克。试验组比对照高21.18%，见表2-17。

表2-17　试验组与对照组六月龄体重比较（单位：千克、元）

项目组别	头数	初生平均体重	一月龄平均重	二月龄平均重	三月龄平均重	四月龄平均重	五月龄平均重	六月龄平均重	期内平均增重	试验组比对照提高(%)	期内每头耗料	期内每头增加饲料费	期内增重收入	期内增重纯收入
试验组	10	31.05	45.65	59.7	86.84	108.96	127.26	143.05	112	121.8	66.5	97.4	896	798.6
对照组	10	31.3	40.5	51.6	71.8	87.7	101	118.05	86.75	100			694	694

注：混合料1.5元/千克、活重8元/千克。

试验组与对照组期内平均增重差异极显著。节省了价格昂贵的豆饼，成本下降，每头牛纯增收入104元。

对犊牛三月龄断乳组母牛（试验组）和哺乳组母牛（对照组）配种受胎的观察，至同年11月2日，试验组母牛有8牛受胎（2个月时直检）。对照组母牛有5头受胎

（同一人工授精员，均用冷冻精液颗粒，直肠把握输精）。
犊牛早期断乳可以解决部分母牛产生的乏情问题，提高繁殖率。

（二）结论

犊牛早期补料的配方以能量浓度较高的最好。

早期补饲三月龄断奶并继续补饲（青草期）的六月龄杂种一代犊牛体重可以达到 140 千克以上。以后如果平均日增重能保持 700 克，18 月龄体重即可达到 400 千克；如果平均日增重能达 800 克，18 月龄体重即可达到 430 千克。出栏肉牛的月龄可比目前出栏肉牛的月龄提早 4~5 个月，大大提高出栏肉牛的品质，增加经济效益。

试验牛 6 月龄体重与肉用牛六月龄体重相差很多，说明用于肉牛生产的杂种犊牛肉用性能尚可再予提高，同时补饲的营养水平也需提高。该试验犊牛 2~3 月龄内采食混合料数量尚少，而这时牛泌乳量不能满足其生长的营养需要，所以应对产犊后 3 月内的哺乳母牛给予补饲。

犊牛早期断乳可解决部分母牛产生的乏情，提高繁殖率。

四、生长小公牛拴系管理技术

目前国内肉牛育肥场购入的小公牛（架子牛），一般要求为 300~350 千克，开始拴系管理育肥。出栏肉牛多在 24~30 月龄之间，甚至更大，肉牛的品质相对较差。通过拴系与不拴系（散养）不同的管理方法对小公牛增重的影响，提出生长小公牛在体重达到多少时开始拴系更合适。

表 2 - 18　各阶段日粮配方表

成　分		第1个月	第2个月	第3个月	第4个月	第5个月	第6个月
		配比	配比	配比	配比	配比	配比
精饲料	玉　米	43.06	45.98	45.98	45.83	41.67	48.39
	麸　皮	21.53	19.16	19.16	20.83	16.67	16.13
	豆　饼	32.29	32.57	32.57	31.25		
	棉籽饼					40.00	32.26
	微量元素添加剂	0.43	0.38	0.38	0.42	0.33	0.32
	VAD粉	0.22	0.19	0.19	0.21	0.17	0.16
	贝　粉	1.72	1.53	1.53	1.67	1.33	1.29
	尿　素	0.75	0.31	0.31	0.38	0.78	1.00
	合计(kg)	2.25	2.25	2.65	2.40	2.90	3.00
粗饲料	玉米秸粉%	50	53.19	53.19	53.19	53.49	100
	谷草粉%	50	46.81	46.81	46.81	46.51	0
	合计(kg)	5	4.7	4.7	4.7	4.8	5
日粮营养水平	干物质(kg)	6.53	6.47	6.47	6.34	6.51	7.17
	粗蛋白(g)	740.50	766.0	766.0	735.60	795.20	821.0
	综合净能	34.32	35.30	35.30	34.08	36.25	39.69

注：1～3月标准上浮10%。该试验在河北省隆化县"承德国林畜产品开发公司"肉牛育肥场进行。

试验牛的选择品种相同、体重相近，8～9月龄，健康的杂种生长小公牛30头，按品种、体重分为三组，每组10头。第一组为散养组，第二组为前期散养后期拴系（前三个月散养后三个月拴系）组，第三组为拴系组。

1. 试验结果

试验期为6个月，从12月下旬开始，到下一年6月下旬止，共6个阶段。三个组除拴系与散养不同管理方法外，其他条件相同。根据各组小公牛的体重段，采用同一饲料配方（每月变更1次），试验牛日喂2次，给予充足的饮水。散养组自由活动。拴系组牛拴系饲喂，限制活动。

　　试验开始前用"阿维必林"驱虫（每千克体重 0.4 毫克）；大黄苏达和人工盐健胃。预饲期 10 天。试验期 184 天。日粮配方见各阶段日粮配方表 2-18。

　　按试验结果分析，拴系组平均日增重比散养组高 12.88%；散养组转拴系组平均日增重比散养组高 8.05%；拴系组比散养转拴系组高 4.40%。试验各月增重及日增重见表 2-19。

表 2-19　试验各月份体重及平均日增重表

	散养组		前期散养后期拴系组		拴系组	
	体重	平均日增重	体重	平均日增重	体重	平均日增重
始重	171.50±36.1		171.3±28.8		170.8±22.5	
第1个月	180.2±28.31	0.628	189.5±45.1	0.655	189.4±24.78	0.664
第2个月	200.0±30.66	0.584	210±44.71	0.539	210±44.71	0.630
第3个月	232.0±37.88	0.710	231.6±46.06	0.700	237.8±28.14	0.820
第4个月	243.1±30.09	0.728	256.1±46.14	0.850	262.2±28.01	0.840
第5个月	283.2±40.21	0.853	290.6±46.78	0.956	297.2±29.07	0.971
第6个月	308.1±39.91	0.960	318.9±46.87	1.090	325.6±35.75	1.120
平均日增重		0.743±0.500		0.802±0.501		0.837±0.502

　　由表 2-19 所示，试验第 1 个月即小公牛体重在 170~190 千克时，散养与拴系组平均日增重差异并不显著（t=0.806）。第 2 个月即小公牛体重在 180~200 千克时，散养与拴系组平均日增重差异亦不显著（t=0.97）。第 3 个月时即小公牛体重在 200~230 千克时，平均日增重差

异则显示为差异显著（t = 2.558 > t0.05）。第4个月时小公牛体重达到230千克（t = 0.97），至250千克时拴系组与散养组的平均日增重差异显著（t = 2.44 > 0.05）。第5个月时即小公牛体重达到250～290千克时，两组平均日增重差异极显著（t = 3.23 > t0.01）。第6个月时即小公牛体重300千克以上时，拴系与散养组差异极显著（t = 5.218 > 0.001）。

试验全程拴系组比不拴系组平均日增重高12.88%。两组平均日增重的差异，为极显著（t = 3.2 > 0.01,）。试验第四个月也即小公牛体重230千克至250千克时，拴系组比散养组平均日增重提高15.38%，散养转拴系组比散养组平均日增重提高16.75%。

试验期内，拴系组每头小公牛比不拴系组小公牛多增重17.5千克。生长小公牛按每千克活重7元计算，增加收入122.5元。

2. 小结与讨论

生长小公牛体重在230千克以前，宜于散养，体重达到230～250千克，拴系管理有利于提高日增重。

小公牛体重达到230千克，10～11个月龄，开始拴系管理。据另试验早期断奶、补饲条件下，6月龄小公牛体重可达到140千克，7～10月龄，补饲散养平均日增重按700克计算，以后平均日增重按800克计算，15月龄时，体重可达到350千克，此时的架子牛进入短期强度育肥3个月，如果平均日增重能达到1200千克，出栏450千克育肥牛的月龄仅为 18 月龄。出栏月龄可比传统的出栏月龄小 5 个月左右，可极大地提高出栏肉牛的品质，增加经济效益。

五、犊牛早期断奶直线育肥技术

河北省石家庄市肉牛项目的执行结果，犊牛早期断奶直线育肥具有良好的效果。该研究要求购进体重 50 千克的犊牛，在日增重 500 克的情况下，只喂乳脂率 3.4% 的全乳日粮，吮乳量达到满足时，只能满足其对蛋白质的需要量，而可消化能量仅满足其需要量的 60%。由于哺乳犊牛两周龄即可出现反刍的消化生理特点。若采用早期补料，不仅可满足犊牛的营养需要，不影响其正常发育，而且还可刺激瘤胃区系的建立，使瘤胃的消化能力增强，容积变大，采食量增加，提高对粗饲料的利用率。从而可为早期断乳以及后来的日增重打下基础。因此，采用犊牛提早补料，早期断乳的饲养方法，无论是对奶牛业（可节约大量全乳）还是对肉牛业（可提早出栏），提高劳动生产效率和经济效益都同等重要。

（一）试验要求和配方

选择健康无病，发育正常，肢长、体重在 38～40 千克以上的初生犊牛。品种要求乳用黑白花公犊以及肉用或兼用型品种牛与当地牛的杂交改良种犊牛。

1. 饲料配方

①代乳料的配制按下表 2－20 的成分。

表 2 - 20 哺乳期犊牛料（代乳料）配方及营养成分

饲料成分	营养成分
玉米面(%)33.3	干物质(%)85.47
小米面(%)12	粗蛋白(%)23.92
黄豆面(%)24	消化能(千焦/千克) 18.11
花生饼(%)24	钙(%)1.11
骨粉(%)3	磷(%)0.74
食盐(%)1.6	
添加剂(%)0.4	
牛油(%)1.7	

※为微量元素添加剂 0.2%，维生素添加剂 0.2%

制法：将以上粉状料混合，然后用牛油炒至橙黄色，有香味，即得，该料又叫炒油茶。

②育肥期的饲料配方，见表 2 - 21 数据。

表 2 - 21 育肥期小牛料配比

饲料成分		营养成分	
玉米粉(粗磨)(%)	40	干物质(%)	88.14
棉饼 (%)	30	粗蛋白(%)	19.23
麸皮 (%)	20	消化能(焦耳/千克)	12.86
鱼粉 (%)	4	钙 (%)	0.87
骨粉 (%)	2	磷 (%)	0.59
食盐 (%)	0.6		
※添加剂 (%)	0.4		
沸石 (%)	3		

※为微量元素添加剂 0.2%，维生素添加剂 0.2%，添加尿素在 6 月龄以后按精饲料量 1%添加，但不超过 100 克。

2. 饲养管理方案

表 2 - 22　哺乳期的饲养管理方案　　（千克）

| 日龄 | 初乳及工人乳 | | | | 炒油茶 | 小计 | 青干草 | 小计 |
	鲜奶	小计	奶粉	小计				
1 ~ 5	4	20	0.5	2.5	开食			
6 ~ 10	4	20	0.5	2.5	0.2	1.0	开食	
11 ~ 20	3	30	0.4	4.0	0.4	4.0	0.2	2.0
21 ~ 30	2	20	0.3	3.0	0.8	8.0	0.5	5.0
31 ~ 45	1	15	0.2	3.0	0.2	18	1.0	15
46 ~ 60					2.0	30	0.1	27
合计		105		12.5		61		49

表 2 - 23　育肥期犊牛饲养管理方案　　（千克，千克/头·日）

月龄	体重	小计	精饲料	小计	青干草	小计	青贮	小计
0 ~ 6	40 ~ 166	126	2	240	1.5	180	1.8	216
6 ~ 12	167 ~ 328	162	3	540	3.0	540	8.0	1440
12 ~ 16	329 ~ 472	144	4	600	4.0	480	8.0	960
合计		432		1380		1200		2612

（二）饲养管理方法

1. 哺乳期的饲养管理

（1）喂给初乳，犊牛出生后 30 ~ 60 分钟内，一次争取喂给初乳 1 ~ 1.5 千克，以后日量 3 ~ 4 千克，日喂 4 次，连喂 5 天。

（2）喂给常乳及炒油茶。炒油茶按 1:6 的比重加水制成粥状，凉至 37℃ ~ 38℃时与等温的牛奶或奶粉（同按 1

:6比例稀释）混合饮用。犊牛出生后5天开始补饲炒油茶，随炒油茶给量的逐渐增加，减少奶粉、常乳的给量。

（3）补饲青干草和多汁饲料。犊牛出生后1周开始补饲青干草，让其习惯于吃草。青干草切碎，干草磨成粉加入少量炒油茶，令犊牛自由咀嚼。多汁料4周后开始喂给，最初20～50克，以后递增。随青干草及多汁料食量的增加，逐步过渡到饲喂育肥期饲料。

（4）给予充足的饮水，每日1千克左右，20日龄后改饮普通新鲜水，时间安排在食后1～2小时。

（5）保健措施。饲喂要坚持定时、定量、定温。严禁暴饮暴食。一月龄前犊牛饲料中定期加入抗生素，用量30～50毫克/千克。户外活动和日光浴，每天不低于4小时。

2. 断乳后的饲养管理

犊牛双月断乳后，体重达70千克左右，即进入育肥期。育肥期分为三个阶段，3～6月龄为前期，6～12月龄为中期，12～16月龄为后期。

（三）主要技术关键和技术措施

①犊牛出生后要尽早吃到初乳。初乳中干物质含量及营养成分比常乳高出1～1.5倍，而且含有大量抗体（免疫球蛋白）和镁盐。通过犊牛小肠壁很容易吸收。对犊牛免疫功能的建立，提高对外界环境的抵抗力，防止下痢以及促进胎粪的排出，保证犊牛成活，具有至关重要的作用。犊牛出生后0.5～1小时内，最多不能超过8小时，

让犊牛吃到足够的初乳。有条件的地方，1～6月龄内要尽量让犊牛吃初乳，这对后来的生长发育有利。吃不到初乳的犊牛不宜饲养。

②饲喂必须坚持定时、定量、定温。保证新鲜充足的饮水。并创造一个良好的生活环境，犊牛最适宜的环境温度为10℃～25℃，冬季寒冷、夏季酷暑，除做好防寒防暑工作外，应根据外部气候条件变化，调整犊牛的日粮给量和能量水平，保证犊牛正常生长。

（四）结果（表2－24）

表2－24　　犊牛哺乳期饲养成本及效益对照表（千克，元）

	体重变化				饲料消耗及费用			与常规比较	
	头数	平均初重	平均终重	平均增重	日增重	合计	耗奶折款	耗料折款	耗奶折款	盈利
鲜奶组	5	38	74	36	600	253.88	157.50	96.38	1050.00	396.12
奶粉组	5	42	75	33	550	321.38	225.00	96.38	1050.00	728.62
平均	5	40	74.5	34.5	575	287.63	191.25	96.38	1050.00	762.37

表2－25　　犊牛育肥期增重效益表　　（克，元）

	育肥成绩					期间耗料		每增重千克耗料		费用		盈利	
	天数	初重	终重	增重	日增重	耗精料	耗粗料	耗精料	耗粗料	合计	每增千克费用	平均每头盈利	每增千克盈利
0～6月龄	180	40	166	126	700	311	265	2.47	2.10	591.83	4.67	369.18	2.93
6～12月龄	180	167	329	163	900	540	1020	3.33	6.30	718.80	4.44	511.92	3.16
13～16月龄	120	331	486	158	1311	540	800	3.70	5.48	701.20	4.80	408.80	2.80
合计	480			435		1391	2085	3.19	4.79	2011.83	4.62	1294.17	2.98

六、草地放牧加补饲技术

石家庄地区草场多为禾本科牧草，加上长期缺乏管护改良和培育，单靠放牧满足不了肉牛生长发育的营养需要。若采用秋犊放牧补饲加舍饲育肥，或春犊放牧加舍饲补饲，使冬季日增重不低于 500 克，然后于春夏实行放牧补饲育肥的方法，不但可满足肉牛生长的营养需要，而且可达到快速增重出栏。这样就使犊牛生后 3 年，需要过 2~3 个冬季的饲养周期，缩短为只需 1 年零 6~8 个月的时间，只需过一个冬季，就可出栏。不但省去了大量的工时费用，提高了草场载畜量，而且可使肉牛的出栏体重增加，效益提高。

（一）试验要求和配方

选择健康无病，肢体长大，体躯深广的断乳青年牛，品种要求肉用或兼用型杂交改良牛或乳用公犊。

饲料配方及日粮如以下各表。

表 2-26　放牧补饲育肥饲料配方　　　（%）

阶段	玉米	骨粉	尿素	人工盐	添加剂
0~6 月龄	98	4	—	4	4
7~12 月龄	92	—	2	3	3
13~15 月龄	93	—	3	2	2
16 月龄~出栏	95	—	2	1	2

表 2 - 27　放牧补饲育肥阶段日粮组成

阶段	精料	粗料	
		青草	补饲秸秆干草
0~6 月龄	0.5	自由采食	自由采食
7~12 月龄	1.5	自由采食	自由采食
13~15 月龄	2.5	自由采食	自由采食
16 月龄~出栏	3.5	自由采食	自由采食

※日粮水平每千克含量干物质 89.4%，粗蛋白 16.3%，代谢能 1.1 兆焦，钙 1.18%、磷 0.87%。

表 2 - 28　舍饲育肥期的精饲配方

饲料成分(%)		营养成分	
玉米粉	55	干物质　（%）	88.19
棉饼	25	粗蛋白　（%）	16.2
麸皮	18	消化能(MJ/kg)	13.06
食盐	1	钙　　　（%）	0.19
骨粉	1	磷　　　（%）	0.62

表 2 - 29　舍饲育肥期的精饲料配方

饲料成分%		营养成分	
玉米秸	70	干物质(%)	91.72
花生蔓	10	粗蛋白(%)	8.2
豆秸	10	消化能(MJ/kg)	1.46
谷草	10	钙(%)	0.43
		磷(%)	0.17

表 2 - 30　舍饲育肥期的日粮组成

阶段	精饲料	粗饲料	
前期 20~30 天	3	自由采食	不限量
中期 40~50 天	3.5	自由采食	不限量
后期 30~40 天	4.5	自由采食	不限量

（二）饲养管理要点

①实行放牧的牛和放牧补饲的牛，补给足够量的食盐或人工盐。

②放牧期间，出牧回牧时间随季节气温变化情况调整。放牧期从 5 月初开始至 10 月中下旬结束，全期为 150～165天。每天放牧时间 8～12 小时。夏季早出晚归，每天时间安排：早 3：30 出牧，8：00 收牧，在牧地补饲饮水；下午 15：30 出牧，晚 19：00 收牧；夜间 21：00 出牧，第 2 天清早 1：00 收牧。该段时间牛食欲旺盛，采食量大，利于抓膘。

③放牧牛或转入舍饲育肥期之前，都进行一次驱虫，可用苯丙米唑或倍硫磷驱除体内外寄生虫。

④舍饲育肥牛的饲养管理方法，见青年架子牛育肥。

（三）主要技术关键和技术措施

①实行放牧的牛，组群要同性别，年龄、体重大体一致。4 月龄岁以下为一群，较大月龄的牛体重上差别不超过 50 千克。群体山区荒坡放牧，以 50 头以下为一群。坡度大的以 20～25 头为一群。

②实行划区轮牧保护草场。

③补饲食盐，保证充足而清洁的饮水，并注意保护水源。体重200～300 千克每日饮水 30～50 升，400 千克以上 50～70 升水。

④调整繁殖季节，实行越冬补饲。越冬期的犊牛或青年牛冬季补饲，日增重保持在 400～600 克。

（四）结果

表 2-31 放牧育肥增重效益表（千克、克、MJ）

项目 品种	放牧育肥增重效益（千克、克）					盈利（元）	
	放牧天数	头均初重	头均终重	头均增重	平均日增重	每增千克盈利	平均盈利
西本杂一代	160	172	236	64.0	400	7.60	486.4
西本杂二代	160	191	276.4	85.4	534	7.60	649.04
南本杂一代	160	155	207	52	325	7.60	395.2
平均	160	173	240.2	67.2	420	7.60	510.72

表 2-32 放牧补饲育肥增重效益表

项目 组别	育肥成绩				补料	每增1千克耗料	期间费用	盈利（元）		
	头均初重	头均终重	头均增重	平均日增重	精料	精料	精料	每增1千克费用	平均盈利	每千克盈利
西本一代	189	371.0	182.0	1138	270	1.48	1.75	1064.6	5.84	
西本二代	188	382.1	194.1	1213	270	1.39	1.64	1156.6	5.96	
南本杂一代	178	303.4	125.4	784	270	2.15	2.54	634.4	5.06	
平均	185	352.2	167.2	1045	270	1.61	1.90	952.1	5.69	

※粗料全部为放牧草地。

表 2-33 放牧补饲育肥增重效益抽测表（头、千克、克）

项目 单位	育肥成绩			每增千克耗料	费用		盈利	
	初重	头均增重	平均日增重	耗精饲料	合计	每增千克费用	每增千克盈利	平均每头盈利
赞皇	187	262	1218.5	1.71	528.64	2.02	5.58	1462.56
平山	189	254	1197	1.76	528.64	2.08	5.52	1401.76
灵寿	178	248	1201	1.81	528.64	2.14	5.47	1356.16
平均	185	255	1205.5	1.76	528.64	2.08	5.52	1406.83

* 试验期间精料用量都是 448 千克。

表 2 - 34　　舍饲育肥增重效益表　　　　（千克）

	育肥成绩				每增千克耗料	期间费用	盈利	
	头均初重	头均增重	头均终重	平均增重	粗料	每增千克费用	平均头盈利	每千克盈利
西本一代	326.5	106.5	433	1183	3.38	4.44	336.54	3.16
西本二代	341.8	112.9	454.7	1254	3.19	4.19	384.99	3.41
南本杂	291	80.4	371.4	893	4.48	5.87	139.09	1.73
平均	319.8	99.9	419.7	1077	3.60	4.73	286.71	2.87

* 育肥天数为 90 天，各组精料消耗量均为 360 千克，粗料 600 千克。

表 2 - 35　　三县育肥增重成绩抽测表　　（千克、克）

单位	头数	育肥天数	头均初重	头均终重	增重	日增重	料肉化
赞皇县	48	155	189	356.4	167.4	1080	3.28
灵寿县	35	160	178	346.5	168.5	1053	3.37
平山县	92	165	173	337.7	164.7	998	3.40

表 2 - 36　　1992 ~ 1994 年三种类型增重效益表

项　目	架子牛育肥		犊牛直线育肥		放牧补饲育肥	
年　度	增　重	效　益	增　重	效　益	增　重	效　益
1992	910.93	3142.75	365.4	1087.11	203.98	1161.57
1993	3072.79	10601.23	1139.7	3390.74	466.49	2656.34
1994	5259.02	18143.81	2001	5953.18	630.34	3589.43
总　计	9242.74	31887.79	3506.1	10431.03	1300.81	7407.36

　　根据试验，架子牛育肥头均增重 128.3 千克，效益头均 442.64 元。犊牛直线育肥头均增重 435 千克，效益头均 1294.17 元。草地放牧补饲育肥头均增重 167.2 千克，

头均效益 952. 10 元。结论：犊牛断奶后直线育肥比不连续育肥效果好，草地放牧加补饲能提高增重和收入。

七、棉籽饼饲喂犊牛技术

在棉籽饼中，含有一定量的棉酚和类棉酚色素等有毒物质。用来喂牛是否产生中毒，众说纷纭，一曰："棉酚在牛瘤胃中被分解"，结论是"不会产生中毒"。另曰："棉酚对牛有毒害作用"。并报道了有关奶牛喂棉籽饼造成多头育成牛中毒死亡的消息。国内外对牛喂棉籽饼也多次进行过毒性试验，结论各异。

我国产棉区的棉籽饼产量很大，通常不宜喂猪、禽，而对于喂牛也有许多猜疑。可能是由于旧的传统观念和习惯势力，目前，80%的棉籽饼直接用来上地，在蛋白饲料极其缺乏的情况下，是一个极大的浪费。尤其奶牛业，由于饼类饲料不足，产奶量低，饲养成本高，经济效益差，影响了发展速度。据马金柱对犊牛喂棉籽饼的试验，用于养牛很有前途。

该试验包括：①对母犊的试验，旨在探索母犊喂棉籽饼是否影响性器官的正常发育（包括卵巢和滤泡发育）和性功能的正常活动（激素含量及发情情况）。②对成年母牛的试验，主要观察怀孕和产犊情况。

（一）对母犊的试验

选用 8 ~ 14 月龄的健康母犊 12 头，分为四组，每组 3 头。第一组为对照组，不喂棉籽饼；第二组调整到平均日喂游离棉酚5.8克；第三组和第四组平均日喂游离棉酚分别为3.9克和2.9克。试验在同一营养标准和同一饲养管理条件下进行，其结果是：除对照组比高棉酚组多两个发情期外，发情周期平均分别为20.3天、20.8天、21.6天和20.6天（$P > 0.05$）；发情持续期平均依次为2.83天、3.13天、2.5天和3.17天（$P > 0.05$），均无明显差异。经解剖，生殖系统发育正常，对照组2号牛，卵巢重3.98克，发育滤泡12个。第二组5号牛，第三组8号牛，第四组11号牛，卵巢重和滤泡发育个数分别为5.76克，14个；6.46克，15个和7克，12个，皆发育良好。根据雌激素（雌二醇）的测定结果（两次平均数），从第一组到第四组，平均分别为7.07纳克/毫升、10.10纳克/毫升、7.27纳克/毫升、10.77纳克/毫升（$P > 0.05$），亦无明显差异，结果证明，一定量的棉酚，对母犊牛生殖器官的正常发育无不良影响。

（二）对成年母牛的试验

1~4胎的成年经产母牛16头，也分四组，每组4头。从第一组到第四组，游离棉酚分别调整到平均日喂量为0克、0.56克、1.2克和5.1克，结果，发情期、发情周期和发情持续期均无明显差异。试验组无出现流产或孕期不正常现象，初生胎儿发育良好。

（三）棉酚在牛体内残留情况试验

该研究是在"棉酚对犊牛生长发育影响试验"的基础上进行的，试验结束后，每组屠宰一头，对肝脏、肌肉、血液等部位进行化验分析，化验项目为游离棉酚，结合棉酚及棉酚总量。同时，每隔20天再屠宰1头，连宰2头，以观察棉酚在牛体内消失情况。试验结果是：不同个体与喂棉籽饼的多少和棉酚在体内的残留情况无明显规律，但在同一个体中，明显看出，棉酚在体内的残留，以肝脏最多，总棉酚量（包括游离棉酚和结合棉酚）平均22.69毫克/千克，肌肉次之，总棉酚量4.99毫克/千克，血液中较少，总棉酚量为1.89毫克/千克。因此，可以肯定，棉酚在牛的瘤胃中，不会完全分解。即便是喂量较少，也仍有棉酚在肝脏和肌肉中残留，通过几次血液分析发现（包括成年母牛），血液中棉酚含量，在同一个体内达到一定含量，不再以饲喂时间的延长而增加。

当试验中停喂棉籽饼以后，每隔20天屠宰一头，其化验结果为：肝中的棉酚明显下降（49天平均下降29%），尤其是游离棉酚下降幅度较大（平均下降82.9%）。肌肉中棉酚下降较慢，甚至在短时间内仍有上升趋势。

（四）棉酚对母牛产奶性能的影响试验

试验是在1~4胎的产奶母牛中进行的，供试牛共12头，按胎次、产奶量、体重和产犊时间合理搭配，分为三组，每组四头，按奶牛营养标准饲养。对照组不喂棉籽饼，低棉酚组全部喂棉籽饼，折合平均日喂游离棉酚1.2克，高棉酚组平均日喂游离棉酚5.1克。测定其产奶量、奶品质及血液指标，试验 104 天，其结果是：对照组平均每头日产 4% 标准奶 11.62 千克，低棉酚组为 12.11 千克，高棉酚组为 13.45 千克。经方差分析（P＞0.05），差异不显著。

在乳的品质方面，化验分析结果：对照组平均乳脂肪 3.31%，乳蛋白质 3.26%，乳糖 3.79%，水分 88.7%；低棉酚组和高棉酚组分别为 3.59%、3.73%、4.01%、87.5% 和 3.23%、3.08%、3.98%、88.9%。各组之间也无明显差异。根据三次奶样的棉酚化验，均无棉酚存在。

据血液指标的测定结果：各组试验前和试验结束时相比较，血常规、肝功能均差异不大，唯有高棉酚组的血清钾略有下降（17%），这与犊牛的试验结果是一致的，但不影响产奶量及奶的品质。同时，也发现血中总棉酚含量，予试期结束时（13 天）达 7～8 毫克/千克，当喂到 96 天后仅为 8～9 毫克/千克，前后差异不显著，说明血中棉酚达到一定含量时，不随时间的延长而增加。

（五）用棉籽饼代替豆饼的饲养试验

该项试验亦是用产奶母牛进行的，12 头牛合理搭配成三组，每组 4 头。按同一营养标准饲养，对照组用豆粕作为蛋白质饲料；试一组为全棉籽饼组，按其粗蛋白质含量折合成豆粕的粗蛋质量；试二组为豆粕和棉籽饼各半，在同一管理条件下，比较其产奶量及饲料报酬。

通过 104 天的试验：对照组平均每头全期共产奶

1356. 3 千克，日产奶量 13.04 千克；试一组和试二组分别
为 1323.5 千克、12.73 千克和 1378.8 千克、13.26 千克。
每生产 1 千克奶所需营养为：对照组消耗粗蛋白质 141
克，产奶净能 6.9 兆焦；试一组和试二组分别为 162 克、
8.3 兆焦和 141 克、7.02 兆焦。试验结果表明，试二组产
奶量和饲料报酬略高于其他两组，经方差分析差异不显著
（P＞0.05）。说明，棉籽饼根据蛋白质含量可以代替豆粕
（豆饼），但它的价格要大大低于豆粕（或豆饼），用来饲
喂奶牛，可提高经济效益。

　　通过上述全面系统地试验，可以得出结论：

　　①试验表明，奶牛食入游离棉酚，在瘤胃内不能被完
全分解，且有一定数量的棉酚进入血液而积累于体内。根
据犊牛试验结果，平均日喂游离棉酚 4.2 克，116 天，其
肝脏棉酚积累量为：游离棉酚 3.66 毫克/千克，结合棉酚
19.03 毫克/千克，叫棉酚量为 22.6 毫克/千克，按体重计
算，体内积累总量约为 0.76 克，约占食入棉酚总量的
0.2%，与 1980 年 Lindsey 的试验结果（0.23%）相吻合，
而且血清钾有下降趋势。根据 Broderich 等人的研究，牛
食入棉酚后，37% 在瘤胃内消化，尚有 63% 的通过瘤胃，
这与我们的试验结果亦相符合，从而看出，用棉籽饼饲喂
奶牛不能掉以轻心，喂量和喂的方法不当，仍有不良影响
的可能。

　　②根据资料表明：Lindsey 的试验是在日喂游离棉酚
24 克的情况下进行的；西安市三桥奶牛场造成育成犊牛

死亡事故的原因是日喂游离棉酚 12 克。此试验的最大日喂量 6 克，在较短时间内，对犊牛的生长发育，对母牛的繁殖性能及产奶性能均未发现不良影响。但据西安三桥奶牛场资料，日喂游离棉酚 2.8 克，连续饲喂一年时间，母牛的外表征状虽未见异常，但产奶量下降 5%，这可能与棉酚在体内的积累有关。为此，建议：为以保证安全，应合理利用棉籽饼。

③通过试验还初步制定和逐渐完善棉籽饼饲料标准（按干物质%）。

a. 机榨棉籽饼要求指标（带壳棉籽饼）：

粗蛋白质在 35% 以上，粗脂肪在 5% 以上，粗纤维在 25% 以下，游离棉酚在 0.12% 以下。

b. 浸出粕要求指标：

粗蛋白质在 38% 以上，粗脂肪在 2% 以上，粗纤维在 15% 以下，游离棉酚在 0.08% 以下。

④掌握好棉籽饼的适宜喂量及时间（参考量）：

a. 1~5 月龄的犊牛、种用公牛及后备公牛不喂棉籽饼（粕）。

b. 6~12 月龄的母牛，棉籽饼喂量，可由开始占粗料的 10%，随体重的增长逐渐增加到 20%。

c. 13 月龄以上的母牛喂量可占粗料量的 30%~35%。

d. 产奶母牛，日产奶在 15 千克以下的，棉籽饼可占粗料的 40%；日产奶在 16~22 千克的，棉籽饼可占粗料的 35%；日产奶 22.5 千克以上的，棉籽饼可占 30% 左右，最大量不超过 3 千克。

　　e. 孕牛产前 1 个月停喂棉籽饼。

　　f. 以上各种棉籽饼喂量，连续喂 6 个月以后，可停喂两个月再喂，以消除棉酚在肝脏的积累。以防产生不良影响。

　　⑤对黄牛来说，由于粗料量较小，可适当延长棉籽饼喂饲时间，尤其在较短的时间育肥，可较大剂量喂饲，其肌肉内的棉酚残留量，大大低于危害人体健康的标准，不影响肉的质量。

八、黑白花奶公犊生产优质牛肉技术

　　20 世纪 80 年代北京市政府为了为亚运会供应优质牛肉，有关部门提出，用黑白花奶公犊生产优质牛肉的育肥研究。按当时北京市拥有 6.6 万头奶牛的计算，其中有成年母牛 3.83 头，年产小公牛约 2 万头，按出栏 500 千克体重计可以产出 4000 多吨，其中高档优质肉占 1300 余吨。

　　据秦志仁等开展的试验，1992 年提供的报告，设计按哺乳期（0~6 月龄）、生长期（7~12 月龄）与育肥期（13~16 月龄）三个阶段连续育肥法进行，共 88 头奶公犊在奶子房牛场、长阳农场和永乐店农场完成，并进行了活体、鲜冻二分体和冷冻去骨分割牛肉产品企业标准测试。

　　试验在北京的奶子房、长阳四队和永乐店三个奶牛场进行。日粮的配比，在哺乳期用代乳料成分如下：

表 2 - 37　代乳料配方　　　　　　　（%）

组别	玉米	豆饼	麸皮	酒精蛋白	进口鱼粉	F.S蛋白	骨粉	磷酸三钙	石粉	沸石	食盐	多维	矿物添加剂	合计
对照组	49.0	32.0	12.0	—	3.0	—	1.0	—	0.5	—	1.0	1.0	0.5	100
试验Ⅰ组	44.0	19.0	12.0	17	—	3.0		1.0	0.5	1.0	1.0	1.0	0.5	100
试验Ⅱ组	43.0	16.0	12.0	21	—	3.0		1.0	0.5	1.0	1.0	1.0	0.5	100

　　日粮配方以奶子房试验点为例，其日粮成分如下列两表。

表 2 - 38　奶子房试验牛各阶段日粮实际采食量　（千克/日头）

阶段		牛奶	粗料	羊草	玉米青贮	大麦青贮	平均每天总进食量	全期喂牛奶
犊牛期	对照	1.84	1.65	1.40	0.81	0.45	6.15	359.6
	试Ⅰ组	1.18	1.7	1.41	0.87	0.40	5.56	237.4
	试Ⅱ组	1.37	1.68	1.41	0.86	0.43	5.57	271.2
生长期	对照		3.19	4.23	1.00	4.87	13.29	
	试Ⅰ组		3.19	4.12	0.98	4.75	13.40	
	试Ⅱ组		3.19	4.21	1.00	4.89	13.29	
育肥期	对照		5.89	3.86	1.85	5.24	16.84	
	试Ⅰ组		5.89	3.83	1.85	5.24	16.81	
	试Ⅱ组		5.89	3.87	1.86	5.24	16.86	
全期	对照	0.778	3.20	2.94	1.13	3.08	11.13	
	试Ⅰ组	0.508	3.20	2.88	1.15	3.0	10.74	
	试Ⅱ组	0.583	3.20	2.93	1.15	3.07	10.93	

　　奶子房试验牛各阶段日粮营养实际进食水平如下表。

表 2-39　粗料的配比按三期三个组编制如下表

阶段组别		DMI	ME	NEM	NEG	CP	Ca	P
		千克	MJ			G		
犊牛期	对照	3.21	34.71	21.98	13.56	525	27.27	11.27
	试Ⅰ组	3.19	34.50	21.89	13.52	518	29.47	12.21
	试Ⅱ组	3.20	34.67	22.02	14.11	523.6	29.67	12.35
生长期	对照	7.87	76.67	46.64	26.96	1015.3	58.84	22.05
	试Ⅰ组	7.75	75.53	46.01	26.67	1003	57.51	20.29
	试Ⅱ组	7.86	76.53	46.60	26.96	953.8	62.53	20.45
育肥期	对照	10.2	108.90	69.00	42.58	1317.8	74.73	32.35
	试Ⅰ组	10.17	107.47	67.91	41.78	1439.5	70.96	31.14
	试Ⅱ组	10.22	107.31	67.70	41.45	1348	71.89	31.18
全期	对照	6.46	66.70	41.62	25.08	880	49.5	19.99
	试Ⅰ组	6.38	65.69	41.00	24.70	901.3	48.74	19.46
	试Ⅱ组	6.45	66.19	41.24	25.04	866.6	50.78	19.62

表 2-40　三个组三个试验期饲养安排

试期	哺乳期(0~6月)	生长期(7~12月)	育肥期(13~16)月
对照组	喂奶 400 千克、75 天断奶、代乳料Ⅰ	生长料Ⅰ+羊草+青贮	育肥料Ⅰ+羊草+青贮
试验Ⅰ组	喂奶 200 千克、45 天断奶、代乳料Ⅱ	生长料Ⅱ+羊草+青贮	育肥料Ⅱ+羊草+青贮
试验Ⅱ组	喂奶 300 千克、60 天断奶、代乳料Ⅲ	生长料Ⅲ+羊草+青贮	育肥料Ⅲ+羊草+青贮

以下物质做计算，粗料中各部分列见表 2-41。

表2-41　各代乳的营养成分

配方名称	ME	NEM	MEG	CP	Ca	P
	MJ/kg　DM			g/kg　DM		
代乳料Ⅰ（对）	13.48	9.29	6.40	225	8.8	4.9
代乳料Ⅱ（1）	13.86	9.55	6.61	227.8	10	5.9
代乳料Ⅲ（Ⅱ）	13.77	9.50	6.99	227.4	10.1	5.9
生长料Ⅰ（对）	13.73	9.50	6.57	197.4	6.74	5.39
生长料Ⅱ（Ⅰ）	13.73	9.46	6.53	190.3	6.63	4.83
生长料Ⅲ（Ⅱ）	13.77	9.50	6.57	192.9	8.08	4.83
育肥料Ⅰ（对）	13.65	9.42	6.53	180.6	6.88	4.85
育肥料Ⅱ（Ⅰ）	13.44	9.21	6.36	180.8	6.21	4.63
育肥料Ⅲ（Ⅱ）	13.31	9.12	6.28	174.5	6.31	4.62

其育肥效果在各养牛场有不一致的地方，但是经生物统计分析，没有实质性区别，其平均结果如达到出栏体重500千克以上的要求，日增重会接近1000克（见表2-42）。

表2-42　88头试验牛的出栏体重与平均日增重　（千克、克）

	出栏体重				平均日增重			
	对照组	试验Ⅰ组	试验Ⅱ组	平均	对照组	试验Ⅰ组	试验Ⅱ组	平均
奶子房牛场	531	517	534	527.3	1060	1018	1059	1045.7
长阳四队牛场	531	511.2	501	514.4	1014	983	961	986
永乐店牛场	492.4	461.5	498.5	484.1	986	886	997	956
平均	518.1	496.6	511.2	508.6	1020	962.3	1005.7	996

三个牛场各组牛的日粮营养含量：

三个牛场各组牛全程每天每千克干物质含代谢能在10.26～11.05兆焦，粗蛋白质在134.3～136.2克。

　　三个试验点各试验组每千克增重所消耗的饲料见表2-43。

表 2 - 43　　每千克增重的饲料消耗量　　（千克）

场名与组别		出栏体重	日增重	DM	精料	粗料
东郊奶子房	对照	531	1.060	6.1	3.02	3.45
	试Ⅰ	517	1.018	6.27	3.15	3.5
	试Ⅱ	534	1.059	6.1	3.03	3.44
长阳四队	对照	531.0	1.014	7.0	3.29	4.11
	试Ⅰ	511.2	0.983	6.94	3.38	3.97
	试Ⅱ	501	0.961	7.1	3.46	4.06
永乐店	对照	492.4	0.986	7.11	4.88	2.82
	试Ⅰ	461.5	0.886	7.93	5.43	3.15
	试Ⅱ	498.5	0.997	7.04	4.83	2.79
三场平均	对照	518.66	1.020	6.74	3.73	3.46
	试Ⅰ	496.6	0.976	7.05	3.99	3.54
	试Ⅱ	511.2	1.006	6.75	3.77	3.43

　　饲料转化效率：

　　三个牛场试验结果，每千克增重消耗干物质在6.1～7.93千克，总养分在3.89～5.61千克，代谢能在62.5～86兆焦，粗蛋白质在830.2～1070.1克，其中粗料在3.02～5.43千克，粗饲料干物质在2.79～4.11千克。这当中永乐店牛场的各组牛精料消耗水平比较高，因为粗饲料质量差，又未加工调制，量又喂的少。

　　屠宰试验结果：

　　三个牛场88头牛，平均宰前重471.8千克，胴体重276.52千克，净肉重226.2千克，平均屠宰率58.6%，净肉率47.94%，胴体产肉率81.8%，肉骨比4.64:1。其中对照组屠宰率 58.76%，净肉率 48.17%，胴体产肉率81.97%，肉骨比 4.67:1；试验 I 组屠宰率 58.43%，净肉率 47.62%，胴体产肉率81.58%，肉骨比 4.6:1；试验 II 组 屠 宰 率 58.56%，净 肉 率 47.91%，胴 体 产 肉 率81.81%，肉骨比 4.66:1；胴体百分比，肌肉占 76%，骨骼占 16.38%，脂肪占 5.37%，以上各项指标经 F 测验，各组之间差异不显著（P > 0.05）。分割肉块中，优质切块平均为 35.74%。

该试验同期的育肥效果居是国内领先水平。

小结：

以上八项试验所介绍的品种以奶用牛为主，公犊的育肥，母犊的哺育，其他品种资料的利用，可供各地参考，尤其是对南方高峰牛，以闽南黄牛为例，目的是进一步推动南方肉牛的发展。试验所用的饲料条件也极不相同，从试验来看，以当地资源的利用可降低饲养成本，作为三元结构农业的发展，以要求玉米青储为主，青粗饲料来源以当地为主最有潜力，特别是具备本单位饲料地的情况，潜力更大；或者牛场与周边种植户有互相提供饲料及其他生产合同的，可以经营互补，相互促进，关于玉米青储生产的好处，后面有一节专门介绍。

犊牛的屠宰和胴体分割以及有关标准也叙述于后。

九、荷兰杂交公犊利用技术

用来生产白牛肉的可以是任何品种的牛，也并非都是来自公犊。之所以常常用公犊的生产，尤其是常用奶公犊，其原因是公犊除了在种质上特别好的必须留种之外，养大了在经济上划不来，如果用来生产白牛肉，在品种特性上没有什么区别。而黑白花在 500 千克体重时，肉质不如专门的肉用品种，大多在 200 日龄以内屠宰，是避其不足。对生产白牛肉，其实也追求同一日龄之下体重要大，即生长快，出肉多。所以荷兰、美国等以奶牛头数为多的国家，都用肉用品种牛与黑白花（荷斯坦，又称弗里生）牛杂交，用杂交的犊牛，无论公、母都用来生产小牛肉。我国目前黑白花奶牛头数以人均来计算，还是为数太少，发展纯种奶母牛是重点，还不能用肉用种公牛与奶母牛杂交来生产杂交后代。但是将来奶牛多了，人均头数多到一定时候，奶牛够了，就会像荷兰、英国那样，用肉用种公牛去杂交，利用杂交优势，取得更多的鲜嫩多汁的牛肉，譬如在“荷兰肉牛”项目中，皮埃蒙特牛发挥了极大的作用。1995 年荷兰全国肉牛方案中皮埃蒙特改良就是如此。据 1996 年按照这个项目的一项试验，取得了下表的结果。

表 2－44　1996 年 5058 头皮埃蒙特牛育肥试验

项目	皮埃蒙特牛与黑白花杂种	皮埃蒙特与红白花杂种
牛数（头）	3040	2045
开始重（千克）	80.6	88.1
结束重（千克）	625.9	632.4
育肥期	487.1	487.7

续表

项目	皮埃蒙特牛与黑白花杂种	皮埃蒙特与红白花杂种
平均日增重(克/天)	1119	1116
热胴重(千克)	380.4	385.6
屠宰率(%)	60.8	61.0

　　以上试验都是在舍饲条件下进行的，青储是随意采食，精料为每天2~4千克，包括一些工业副产品。试验牛都是公犊，这两个组合的结果在本质上并无区别，如平均日增重都略高于1100克，屠宰率都非常高，在61.0%的水平，同期试验的纯种黑白花牛的屠宰率为56.0%，这些良好的性能保证了16月龄的公犊能提供383千克重的胴体。在荷兰的条件下这可谓是非常好的结果。其胴体质量，按欧共体评定标准结果如表2-45。

表2-45　按欧共体胴体等级评定的结果

等级制符号	皮黑杂	皮红杂	肥度	皮黑杂	皮红杂
E+优+	0	0	1	0	0
E0优o	0	1	1-	0	0
E-优-	1	1	10	1	2
U+良+	2	3	2-	5	5
U0良o	4	7	2o	10	9
U-良-	14	22	2+	23	21
R+中+	33	31	3-	38	35
Ro中o	29	22	3o	17	20
R-中-	12	9	3+	5	7
O+可+	4	3	4-	1	1
Oo可o	1	1	1o	0	0

　　*表上分别为皮埃蒙特牛与荷斯坦牛杂交，及皮埃蒙特牛与红白花杂种，等级中没有可一级和劣级的牛肉。

根据此表的结果，依欧共体的统一标准，皮埃蒙特牛的胴体等级一般分布在优级、特优级胴体等级（在 U 和 R 级），而乳用牛的胴体等级分布在 O 和 P 级。在肥度方面，"1"级表示瘦肉，而"5"级表示很肥。在荷兰当前的牛肉市场，要求主要为 350～430 千克胴体重的 R 级和 360～430 千克胴重的 U 级。公众比较欢迎的肥度为 1＋级到 3o 级。按荷兰胴体指南要求，3o 级是得降的等级。在此表上可见，皮埃蒙特牛的两个杂交组合，有 94％的胴体被列入 R 和 U 级之内。两者的不同是：皮埃蒙特牛与黑白花牛杂交组合有 74％在 R 级，有 20％在 U 级，而皮埃蒙特牛与红白花杂交组合是 62％在 R 级，有 32％在 U 级；在荷兰的条件下，用红白花母牛作杂交，后代具有更好的牛肉品质。

在荷兰市场，一周龄的皮埃蒙特改良牛比纯种的荷兰犊要贵 216 荷兰盾：其中公犊贵 256 荷兰盾，母犊贵 176 荷兰盾。自 1984 年以来，通过这个杂交体系，荷兰奶业农户预期从牛肉生产取得良好的经济效益。从 1990 年起奶牛作第一次受精的份额中，皮埃蒙特牛的冻精用量为 161000 份，占 60％。由于另一种肉牛品种，即比利时蓝白花牛的引进，才出现了品种间的竞争。

意大利皮埃蒙特良种肉牛的特点是早熟，包括提早达到屠宰体重的体龄，不追求大型体格，体重要求适中，成年母牛体重为 500～600 千克，育成公牛在 15～18 月龄，体重达到 550～600 千克为屠宰适期。同时注意选择增重率、饲料报酬、胴体重、胴体特征、肉质量、顺产及受精能力，母牛注意选择产奶量，皮埃蒙特牛一个泌乳期平均产奶量为 3500 千克，是肉乳兼用品种，又可为犊牛提供牛奶。

其肉用特征表现为：低脂肪、低胆固醇、瘦肉率为 84.2% 的良种肉牛皮埃蒙特牛所生产的牛肉，可满足当今众多消费者对有益健康的瘦肉型牛肉的需要。

表 2-46　皮埃蒙特纯种牛屠宰数据

屠宰率	68.23%
肉※	84.13%
骨※	13.60%
脂肪※	1.50%

※占胴体重量的百分比。

表 2-47　每 100 克肉中的胆固醇含量

牛肉	73 毫克
猪肉	79 毫克
烤鸡	76 毫克
鱼(牛舌鱼)	52 毫克
皮埃蒙特牛(牛排-菲力)	48.5 毫克

由于胆固醇很低，适合于老年人群的膳食结构，也可选作防治心脏病的食品（见图 9 和 10）。

在荷兰将黑白花母牛与世界三大肉用品种（皮埃蒙

特、比利时兰白花、利木赞）进行杂交，并对杂交公牛进行屠宰试验，其结果如下：

表 2 - 48　3 个肉牛品种与黑白花母牛公犊屠宰结果表

项目	皮×荷白	兰白×荷黑	利×荷黑	合计
头数	16	16	16	48
热胴重（千克）	378.0	374.0	390.0	381.0
可销售肉（%）	76.1	73.9	75.4	75.1
脂肪（%）	7.9	9.0	7.9	8.3
骨量（%）	15.6	16.7	16.3	16.2
肌肉:骨骼	4.92	4.46	4.65	4.68
肌肉:脂肪	10.49	8.72	10.29	9.83
荷兰盾/100 千克	1591.0	1543.0	1572.0	1569.0

从以上对比看出，皮埃蒙特与黑白花杂交公牛，屠宰后在可销售肉比率占优势，达 76.1%。骨量最轻为 15.6%，而脂肪量与利木赞后代相同。因此，在肌肉与骨骼比、肌肉与脂肪比都超过其他两组，其每百千克的售价都高。若以比利时蓝白花杂交后代肉的售价为 100% 计算，皮埃蒙特的杂交后代肉的售价高出 3.10%，利木赞的杂交后代肉的售价高出 1.88%。

皮荷杂种公牛 12 月龄活重为 451 千克，平均日增重达 1197 克，屠宰率在胴体冷却后为 61%。

皮埃蒙特牛的胴体（见图 9）具有特别多的瘦肉，从胴体可见，大腿肉和肩胛肉都很厚，是屠宰率高的原因，其腰脊肉切块，从横断面可见，脂肪呈点状嵌镶在肌肉之中，看似雪花。（见图 10）。由于这个牛的肌肉纤维细，加之脂肪的均匀分布，值得肉质很鲜嫩多，而价格高于其他牛种。

皮埃蒙特公牛（见图7）和利木赞牛母子放牧（见图8）这两个品种是各国用于杂交品种的例子，我国用皮埃蒙特牛与南阳牛杂交，取得了良好的效果。经该杂种在中牧集团大华安牛场育肥并屠宰，取得下表的结果。

表2-49　皮埃蒙特杂种牛与南阳黄牛屠宰和肉质分析结果（中国）

项目	皮埃蒙特南阳杂种牛	鲁西黄牛	对比
宰前活重　千克	553.8	531.1	+22.70
日增重　克	1000	646.1	+353.90
热胴体重　千克	333.1	293.6	+39.5
屠宰率（%）	60.12	55.26	+4.86
净肉率(占活重)(%)	51.72	47.82	+3.90
眼肌面积　平方厘米	96.08	78.42	+17.66
*水分（%）	6.64	6.39	+0.25
*粗蛋白（%）	83.7	55.39	+28.31
*粗脂肪（%）	4.91	35.52	-30.61
*17种氨基酸含量的总和%	70.06	48.67	+21.39

*100克干肉中的营养成分

其屠宰率在杂一代就达到60%以上，肉中蛋白质含量高达83.7%，比鲁西牛高出28.31%，而脂肪很少，只有4.91%，17种氨基酸的成分很高，达70.06%，比鲁西牛高21.39%，证明其遗传能力很高。皮埃蒙特牛杂交后代，经育肥屠宰的观察，肉色呈樱桃红色（见图10），在中粮广场内的韩国菜肴中冰鲜肉品尝时受到好评。

在国内北方和东亚的牛肉市场上还有一种趋势，要求脂肪量高的牛肉，这一方面反映北方的人们对热能的需求高，也有口味与习惯不同的原因。此时，像短角牛（见图4），表皮下脂肪肥厚，肉块内脂肪花纹如大理石状的品种就很受欢迎。现代条件下，比较多的是用安格斯及其同类品种。而我国的鲁西牛、秦川牛具有生产肌肉内脂肪交杂良好的性能，其肉块的大理石状花纹很丰富，是在国内市场，尤其在北方市场广泛受到欢迎的原因。而在美国，大理石状花纹太好了，售价反而偏低，而脂肪量中等和花纹一般的那一种牛柳肉块，售价为9.35美元/磅，（见图11），可见开辟优质牛肉市场，利用奶牛犊在内，要因市场而异，利用各种牛种的种质优势，与我国本地牛杂交，可以产出价高质优的牛肉，在目前肉牛业普遍得到重视的情况下，充分利用奶牛的基因库也是很重要的工作。

第三章　日粮配制方法

日粮的配制，常用的有试差法、矩形法等，在有电脑的单位，用计算机软件直接配制日粮是更现代化的手段，但是要学习配方原理，应该懂得这两种方法的原理和运算过程。

现代的肉牛品种具有很高的生长发育能力，每天可以有很快的增重，在当地黄牛每日能生长 0.6 千克的情况下，肉用牛可能达到和超过 1.0 千克的水平。因此对育肥牛提出每日增重要求是配比每日饲料用量即日粮的依据，日增重与日粮的计算，首先要满足日粮所必须含有的蛋白质的需要量。

不同年龄的牛，由于生长发育阶段不同，对日粮蛋白质的需要量要求多少也不同。需要量的多少以蛋白质计算与日粮中的干物质含量百分比有关。对生长发育关键的出生后 12 月龄以前情况，已总结出如下表的关系。

表 3-1　日增重为 1 千克时肉牛月龄和日粮蛋白质需用要的关系

小牛的月龄	日粮中粗蛋白质含量(干物质的%)
3~6	16.5
6~9	14.9
9~12	12.0

在配制日粮时，首先要注意的是满足小牛对蛋白质的最低要求，如上表在 3 个不同月龄阶段对粗蛋白的要求，才可能达到每日增重 1 千克的需要。然后才去考虑对能量的需求。在能量上，日粮已满足或者略为超过生长的需要时，说明该日粮是可用的。

肉牛的营养需要可参见表上的各项指标，然后再进行运算。

一、试差法

试差法，是最常用的运算方法之一。其主要过程为：首先根据经验拟出各种饲料原料大致比例，或参考书本介绍的配方，根据本地饲料资源计算出更好的日粮配方，然后用各自比例去乘该种饲料原料中所含的各种营养成分的百分比，再将各种原料的同种营养成分之积相加，即得出该配方的每种营养成分的总量。将所得结果与饲料标准相比较，如果有任何两种营养成分不足或超过，可通过增减相应的原料进行调整和重新计算，直到接近饲养标准为止。下例是冯家宝提供：

例一：给 300 千克体重的生长肉牛，要求肥育期日增重 1.1 千克，采用宁夏当地常用的饲料：玉米、胡麻饼、麸皮、麦草、青贮玉米等。配制日粮的具体步骤如下：

第一步，先从我国《肉牛饲养标准》中的《肉牛营养需要》查出日增重 1.1 千克的 300 千克体重肉牛营养需要，如表 3 - 2：

表 3 - 2　肉牛营养标准

体重（千克）	日增重（千克）	干物质（千克）	肉牛能量单位（RND）	综合净能（兆焦）	粗蛋白质（克）	钙（克）	磷（克）
300	1.1	7.38	5.29	42.68	818	36	19

第二步，查所采用的各种饲料营养成分列成备用表，如表 3 - 3。

表 3 - 3　所采用的各种饲料营养成分表

饲料名称	干物质（％）	肉牛能量单位（RND）/千克	综合净能（兆焦/千克）	粗蛋白（％）	钙（％）	磷（％）
玉米	88.4	1.13	9.12	9.7	0.09	0.24
胡麻饼	92.0	0.94	7.62	36.0	0.63	0.84
麸皮	88.6	0.82	6.61	16.3	0.20	0.88
小麦秸	89.6	0.32	2.56	6.3	0.06	0.07
青储玉米	22.7	0.54	4.40	7.0	0.44	0.26

第三步，草拟配方。试算肉牛能量单位，综合净能和粗蛋白含量，见表 3 - 4。

表 3 – 4　草拟的饲料配方

饲料名称	干物质配比(%)	干物质(千克)	肉牛能量单位(RND)	综合净能(兆焦)	粗蛋白(克)
玉米	27	27% × 7.38 = 1.99	1.99 × 1.13 = 2.25	1.99 × 9.21 = 18.15	1.99 × 97 = 193.03
胡麻饼	5	5% × 7.38 = 0.37	0.37 × 0.94 = 0.35	0.37 × 7.62 = 2.82	0.37 × 360 = 133.20
麸皮	8	8% × 7.38 = 0.59	0.59 × 0.82 = 0.48	0.59 × 6.61 = 3.90	0.59 × 163 = 96.17
小麦秸	13	13% × 7.38 = 0.96	0.96 × 0.32 = 0.31	0.96 × 2.56 = 2.46	0.96 × 63 = 60.48
青储玉米	44	44% × 7.38 = 3.25	3.25 × 0.54 = 1.76	3.25 × 4.40 = 14.3	3.25 × 70 = 227.5
尿素	0.5	0.5% × 7.38 = 0.037			0.037 × 2880 = 106.56
合计	97.5		5.15	41.63	816.94
标准			5.29	42.68	818
与标准比			– 0.14	– 1.05	– 1.06

第四步，调整配方。与《饲养标准》相比较，肉牛能量单位、综合净能和粗蛋白均少于饲养标准。因此，需要提高，经过对各部分饲料干物质比例的多次调整，记入干物质配比一列，最后的配方见表 3 – 5。

表 3 – 5　调整后的饲料配方

饲料名称	干物质配比(%)	干物质(千克)	肉牛能量单位(RND)	综合净能(兆焦)	粗蛋白(克)
玉米	31	31% × 7.38 = 2.29	2.29 × 1.13 = 2.59	2.29 × 9.12 = 20.86	2.29 × 97 = 221.92
胡麻饼	5	5% × 7.38 = 0.37	0.37 × 0.94 = 0.35	0.37 × 7.62 = 2.81	0.37 × 360 = 132.84
麸皮	7	7% × 7.38 = 0.52	0.52 × 0.82 = 0.42	0.52 × 6.61 = 3.41	0.52 × 163 = 84.21
小麦秸	12	12% × 7.38 = 0.89	0.89 × 0.32 = 0.28	0.89 × 2.56 = 2.27	0.89 × 63 = 55.79
青储玉米	42	42% × 7.38 = 3.10	3.10 × 0.54 = 1.67	3.10 × 4.40 = 13.64	3.10 × 70 = 216.97
尿素	0.5	0.5% × 7.38 = 0.037			0.037 × 2880 = 106.56
合计	97.5	7.17	5.13	42.99	818.29
标准		7.38	5.29	42.68	818
与标准比			+ 0.02	+ 0.31	+ 0.29

第五步，补充矿物质。在以上配方中钙、磷含量计算如下表。在表所计算的肉牛日粮内钙、磷含量和《饲养标准》相比，都不能满足需要，因而需要另外补充。我们可以用骨粉来补磷，骨粉的需要量计算如下：（19 - 2.1863）÷16.40% = 102.52 克。补充 102.52 克的骨粉以后，钙的含量可以达到 102.52 × 36.4% + 1.9606 = 39.28 克，完全可以满足需要。添加的 102.52 克骨粉占日粮干物质总量的百分比为 102.52 ÷ 1000 ÷ 7.38 ÷ 100% = 1.4%。因此，添加 1.4% 的骨粉可以使钙、磷满足需要。按照《饲养标准》的规定，需添加食盐 1%。

表 3 - 6　　饲料中钙、磷含量计算

饲料名称	干物质配比（%）	干物质	钙（克）	磷（g）
玉米	31	2.29	2.29 × 0.09 = 0.2061	2.29 × 0.24 = 0.5496
胡麻饼	5	0.37	0.37 × 0.63 = 0.2331	0.37 × 0.84 = 0.3108
麸皮	7	0.52	0.52 × 0.20 = 0.1040	0.52 × 0.88 = 0.4576
小麦秸	12	0.89	0.89 × 0.06 = 0.0534	0.89 × 0.07 = 0.0623
青储玉米	42	3.10	3.10 × 0.44 = 1.364	3.10 × 0.26 = 0.806
尿素	0.5	0.037		
合计	97.5	7.17	1.9606	2.1863
标准			36	19
与标准比			- 34.0394	- 16.8137

第六步，列出调整后的日粮配方见表 3 - 7。

表 3 - 7　　调整后能采用的日粮配方

饲料名称	干物质配比(%)	干物质(千克)	原料重量(千克)	原料配比(%)
玉米	31	2.29	2.29÷88.4%＝2.59	2.59÷18.449×100%＝14.04%
胡麻饼	5	0.37	0.37÷92.0%＝0.40	0.37÷18.449×100%＝2.01%
麸皮	7	0.52	0.52÷88.6%＝0.59	0.59÷18.449×100%＝3.20%
小麦秸	12	0.89	0.89÷89.6%＝0.99	0.99÷18.449×100%＝5.37%
青储玉米	42	3.10	3.10÷22.7%＝13.66	13.66÷18.449×100%＝74.04%
尿素	0.5	0.037	0.037	0.037÷18.449×100%＝0.20%
骨粉	1.4	0.103	0.103÷95.2%＝0.108	0.108÷18.449×100%＝0.59%
食盐	1	0.074	0.074	0.074÷18.449×100%＝0.40%
合计	99.9	7.38	18.449	99.85

由于白牛肉和小牛肉以色浅的为好，用料可参考附表3的各种饲料含铁量来调整。

二、矩形法

矩形法亦称方形法，这是一种形象的名称，在按各种饲料成分日增重要求，计算其日粮中比例的方法。

例二：对一头体重为 300 千克的小母牛，要求平均日增重 1100 千克，粗料由 20% 苜蓿干草加 80% 玉米青储料组成，两者占日粮的 60%，其蛋白质不足用棉籽饼和玉米籽实补足。问补多少？配制的方法有多种，下面以矩形法为主，说明配制的原则，通过实例进行运算。

1. 先算出粗料中由苜蓿和玉米青储料所提供的蛋白质含量，从查表得知：

表3-8　三种饲料的营养成分

种　类	干物质(%)	蛋白质(%)	代谢能 (兆焦/千克)	消化能 (兆焦/千克)	钙(%)	磷(%)
苜蓿干草	89.2	17.1	4.89	2.0	1.35	0.22
玉米青储	40.0	8.1	6.53	4.14	0.27	0.20
玉米碎粒	89.0	10.1	7.86	4.94	0.26	0.36
棉籽饼	94.0	43.6	7.57	5.02	0.17	1.28

　*20%苜蓿干草×17.1%蛋白质=3.42

80%玉米青储×8.1%蛋白质=6.48

合计　　　　　　　　　　　9.90

2. 从棉籽饼中先补足精料中的蛋白质，查表得知300千克体重小母牛平均日增重1100克，全日粮中需要蛋白质10.4%。以上已由粗料提供蛋白质量是5.94%，则从精料中要提供的蛋白质为10.4%-5.94%=4.46%。

因为粗料占日粮中的60%，因此其蛋白质占有比例为：

9.90×60%=5.94%

在60%的粗料中，苜蓿和玉米青储各占20%和80%，则60%×20%=12%为苜蓿干草在日粮中占有的百分率。

60%×80%=48%为玉米青储在日粮中占有的百分率。将结果分别填入日粮表的干物质第一列中。

3. 混合精料中单位重量的蛋白质量为$\frac{4.46}{40}×100\%$

=11.15%

4. 这 11.15% 的日粮精料部分中玉米与棉籽饼的比例，按矩形解法为：

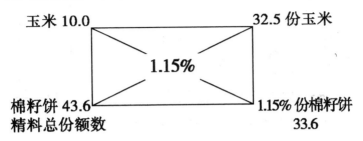

玉米 10.0　　　　　　　　　　　32.5 份玉米

1.15%

棉籽饼 43.6　　　　　　　　　1.15% 份棉籽饼
精料总份额数　　　　　　　　　33.6

矩形中心的数是求出来的精料蛋白质总需要量为 11.15%，因为精料的总份额数为 33.6。这里由玉米精料 10.0 - 11.15 = -1.15，只取绝对值 1.15，和棉籽饼 43.6 - 11.15 = 32.45，两个份额相加 1.15 + 32.45 = 33.6 所得。于是再计算玉米和棉籽饼占精料中的百分比。

5. 玉米和棉籽饼占精料中的百分比。两者分别为：玉米的比例为（32.45 ÷ 33.6）× 100% = 96.58%，棉籽饼比例为（1.15 ÷ 33.6）× 100% = 3.42%。因为精料占日粮总份额的 40%，故玉米与棉籽饼各占日粮的比例为：玉米占 40 × 96.58% = 38.63%，棉籽饼占 40 × 3.42% = 1.37%。再将结果分别填到日粮干物质的玉米面和棉籽饼的列中。

6. 配成日粮，列于表 3 - 9。

表3-9　300千克体重1岁母牛日增重1.1千克的日粮

种类	干物质(%)	粗蛋白质(千克)	代谢能(兆焦)	消化能(兆焦)	钙(克)	磷(克)
玉米面	38.63	3.86	368.52	239.20	10	140
棉籽饼	1.37	0.60	10.37	6.86	0	20
苜蓿干草	12.00	2.05	58.74	24.10	160	30
玉米青储	48.00	3.89	313.30	241.00	130	100
合计	100.00	10.40	750.94	511.16	300	290

按每天7.5千克干物质计算，提供粗蛋白质0.78千克。给小母牛每天提供的日粮，要按自然物重量计算，4种饲料都应以各自干物质比例，算出自然重的用量。

7. 用7.5乘四种饲料的干物质百分率。如玉米碎粒是7.5×38.63%＝2.9（千克），其余如玉米青储料是3.6千克，苜蓿干草是0.9千克，棉籽饼是0.1千克。

8. 四种饲料按自然重用于生产，因此要各自除以该饲料本身的干物质比例，得出实际的投料量，如：

玉米青储：（3.6÷40.0）×100＝9（千克）

苜蓿干草：（0.9÷89.2）×100＝1（千克）

棉籽饼：（0.1÷94.0）×100＝0.11（千克）

玉米碎粒：（2.9÷89.0）×100＝3.3（千克）

以上四种饲料的营养成分分别查表得。

此例如果要用公式计算，可以分以下几步，先以草料为整体，按步骤（一）算出粗料的蛋白质占日粮中的具体含量比例。然后按矩形解法，将草料和精料的蛋白质比例列在矩形的左方，得出各自应占的份额。从计算所得的干物质重量中得知精料的总需要量和蛋白质总需要的百分率。然后按玉米碎粒和棉籽饼中蛋白质含量分摊，即再一次用矩形解法，得出两种精料的各自分额，即可得到结果。

9. 在按饲养标准中干物质需要量及其粗蛋白蛋、能量和钙、磷含量与每天提供的日粮中有关营养成分之间对比，已知 10.4% 粗蛋白含量的配比日粮含 0.75 千克粗蛋白，满足了 300 千克重小母牛对蛋白质的需要。此时，要计算代谢能和消化能的供应是否已满足，因此可将计算的供应量与需要量的数据对比。

表 3 - 10　日粮提供营养与需要量之间的对比

项目	干物质	粗蛋白	代谢能	消化能	钙	磷
需要量	7.5 千克	0.78 千克	23.22 兆焦	15.77 兆焦	23 克	20 克
供应量	7.5 千克	10.4 千克	7.91MJ/千克	5.23MJ/千克	0.31%	0.27%

如果供应量中能量、钙、磷都高于或等于需要量时，如本配方，不需要再添加补充料。需要针对缺项单独补充有关营养物质，如本例中能量和磷都有余，可以不必加矿物饲料。

计算需用的饲料营养成分表和肉牛营养需要量表见附表。

日粮配方尚有线性代数法系数，这里从略。日粮的成分很多时，现在多用计算求解。

三、晚熟牛种的日粮配方

由于晚熟品种牛在 18 月龄前的生长强度比早熟品种牛要大，在 18 月龄前，采取不同的饲养方式可能取得不同的育肥增重效果，早熟种和晚熟种两者之间，大体上可以用下表数据来对比。

表 3-11　不同成熟度牛的日增重和终重对比　（千克）

月龄	方法	早熟牛阶段终重	早熟牛日增重	晚熟牛阶段终重	晚熟牛日增重
2	哺乳	94	0.6	100	0.7
6	放牧	120	0.8	220	0.9
12	舍饲	360	0.9	400	1.05
18	催肥	530	0.95	600	1.10

包括代乳法，催肥法等。

日增重大的牛在 12 月龄就可以达到 400 千克体重，18 月龄可以达到 600 千克体重，如西门塔尔牛、利木赞牛、皮埃蒙特牛等。如果对牛肉的肥度评分要求不是很高的话，晚熟种的优势十分明显，以瘦肉量为首要指标时，晚熟牛的利润大。以胴体脂肪覆盖度大和眼肌大理石花纹为首要指标时，晚熟牛的优势是单位肉重的售价高，而可以占优势。因此市场需要会左右着选用什么早熟度的牛来生产，这在杂交过程中也是十分重要的考虑原则。

有的地方大型肉用品种改良本地牛已经达到二代或三代，还有不少地方有 20 来年的改良时间，有三元杂交的牛源，都可以按照大型牛的配方进行催肥。移地育肥用以上日增重水平与年龄段，编制日粮配方时，都可以参照上表。

从国外引进的肉牛品种中，从生长强度和发育成熟度是用早熟或者晚熟来分类，有两大类：一种是早熟种，如海福特，安格斯，另一种是晚熟种，如夏洛来，南德文，比利时蓝白花，西门塔尔牛，皮埃蒙特牛等（见图5，6，7，8）。前者停止发育早，在1岁半时的性发育强度与大型牛21月龄的性发育程度相应，因此后者的生长潜力大，日增重的速度更块。

大型快速生长肉牛全混合料配方，如夏洛来牛、比利时蓝白花牛、皮埃蒙特牛及其二代以上杂交犊牛的日粮见下表。

表3-12 全混合料加干草配方

适量范围	混合料（千克）	干草
150～180	3.2	随意
180～210	3.4	〃
210～240	3.7	〃
240～270	3.9	〃
270～300	4.0	〃
300～330	4.1	〃
330～360	4.2	〃
360～390	4.5	〃
390～420	4.8	〃
420～450	5.0	〃
450～480	5.3	〃
480～510	5.8	〃

表 3 – 13　混合料成分　　　（%）

成分	适量在 350 千克以前	适量在 350 千克以后
玉米	45	50
小麦	20	20
大豆	18.5	14.5
麦麸	14	13
碳酸钙	1	1
磷酸二氧钙	0.5	0.5
食盐	0.5	0.5
预混料	0.5	0.5

维生素在预混料中：维生素 A，25000 单位；维生素 D_3，2000 单位；维生素 E，5 毫克；维生素 H，4 毫克；维生素 K_3，3 毫克

每千克矿物元素中：

Mn	100 毫克	$MuSO_4$	438 毫克
Zn	100 毫克	$ZnSO_4$	440 毫克
Fe	60 毫克	$FeSO_4$	300 毫克
Cu	13 毫克	$CuSO_4$	51 毫克
I	0.6 毫克	KI	0.8 毫克

目前安格斯杂交牛的牛源尚少，在有可能购进其杂种牛进行育肥时，可以对照上表的要求，再按前面介绍的配制方法进行测算和修正。

四、北京奶公犊育肥用精料和代乳配方

根据推荐北京黑白花奶公犊育肥用精料配方和犊牛代

乳料配方和成分。

1. 营养水平

表 3－14 每千克物质中含有的养分（兆焦，P，克,%）

DM	ME	NEm	Neg	CP	Ca	P
3.88	13.40	9.21	6.28	240	0.6	0.4

2. 供参考的代乳料配方

表 3－15 日粮各饲料成分 （%）

组别	玉米	麸皮	豆饼	酒精蛋白	鱼粉	发酵鱼粉蛋白	食盐	石粉	骨粉	磷酸三钙	沸石	维生素添加剂	微量元素添加剂
对照组	49	12	32	–	3		1	0.5	1	–	–	1	0.5
Ⅰ组	44	12	19	17	–	3	1	0.5	1	1	1	0.5	
Ⅱ组	43	12	16	21	–	3	1	0.5		1	1	1	0.5

不同补乳阶段的饲喂量为：

①哺乳期：45～75 天。②哺乳量：200～400 千克。③喂代乳料量：0～6 月龄期间，每头牛消耗代乳料310～390千克，日喂量最高可达 3 千克，一般可用0.5～2.5千克。使用时一般按 6 份代乳粉代一份水进行。先用 1 分水将代乳粉调成半糊状，下一次再将其代到 6 倍的乳液。

3. 黑白花奶公犊育肥前期和后期的精料配方与典型日粮。

育肥前期和后期所需的营养水平和精料推荐配方如表3－16，表 3－17。

表 3 - 16　　每千克日粮干物质中含有的养分　（兆焦、%）

期别	DM	ME	Nem	Neg	CP	Ca	P
前期	3.02	10.9	6.70	4.50	14~15	0.41	0.30
后期	2.93	10.0	6.30	3.77	12	0.30	0.24

表 3 - 17　　供参考的精料配方　（%）

组别		玉米	麸皮	豆饼	其他饼类	鱼粉	发酵鱼粉蛋白	食盐	酒精蛋白	磷酸三钙	沸石	维生素添加剂	微量元素添加剂
前期	对照组	58	13	12	13	1	–	1	–	0.5	–	1	0.5
	Ⅰ组	52	9	8	7	–	1	1	17	0.5	3	1	0.5
	Ⅱ组	52	3	8	4	–	1	1	25.2	1	3	1	0.5
后期	对照组	72.6	–	10	13	1	–	1	–	0.9	–	1	0.5
	Ⅰ组	69	–	4.6	10.9	–	1	1	10	1	1	1	0.5
	Ⅱ组	70	–	6	10	–	1	1	8.5	1	1	1	0.5

现列典型日粮如下以供参考：

表 3 - 18　　典型日粮组成　（千克）

期别	精料	东北干草	青储	育肥天数
前期 200~400	3.5	3.0	9~10	约 160~170
后期 400~520	5.5	3.6	12~15	约 100~114

日粮组成的营养需要见表 3 - 19。

表 3 - 19　　黑白花生长公牛的日粮营养含量 养分/千克

体重	犊牛料 40	0~3 月 40~75	3~6 月 75~200	6~12 月 200~400	>12 月 400~500	最大限量
NEm 兆焦/千克	9.21	9.21	8.04	6.70	6.28	
NEg 兆焦/千克	6.28	6.28	5.44	4.52	3.77	
ME 兆焦/千克	13.31	13.31	12.14	10.88	10.05	
DE 兆焦/千克	16.24	16.24	14.82	12.64	12.27	
TDN %	88	88	80	69	66	

续表

体重	犊牛料	0~3 月	3~6 月	6~12 月	>12 月	最大限量
	40	40~75	75~200	200~400	400~500	
CP %	24	20~24	16	14	12	
CF %	4	4	15	17	17	
Ca %	0.6	0.6	0.52	0.41	0.29	2.0
P %	0.6	0.4	0.31	0.30	0.23	1.00
Mg %	0.07	0.10	0.16	0.16	0.16	0.50
K %	0.65	0.65	0.65	0.65	0.65	3.00
Na %	0.10	0.10	0.10	0.10	0.10	–
Cl %	0.20	0.20	0.20	0.20	0.20	–
S %	0.29	0.16	0.16	0.16	0.16	0.40
Fe 毫克/千克	50	50	50	50	50	1000
Co 毫克/千克	0.10	0.10	0.10	0.10	0.10	10
Cu 毫克/千克	10	10	10	10	10	100
Mu 毫克/千克	40	40	40	40	40	1000
Zn 毫克/千克	40	40	40	40	40	500
I 毫克/千克	0.25	0.25	0.25	0.25	0.45	50
Se 毫克/千克	0.30	0.30	0.30	0.30	0.30	2.00
维生素 A 国际单位/千克	4400	4400	4400	4400	4400	66000
维生素 D 国际单位/千克	700	600	600	600	600	10000
维生素 E 国际单位/千克	50	50	50	50	50	2000

根据本表内微量元素和维生素水平结合所用日粮饲料营养含量与设计微量元素和维生素添加剂的要求配制出下

面的日粮营养成分。

表3-20　黑白花公牛育肥用饲料营养成分表（千克，兆焦，克/千克）

饲料	DM%	TDN	DE	ME	Nem	Neg	CP	CF	Ca	P
代乳料Ⅰ	88.36	3.26	14.85	12.14	8.40	5.83	200.5	47	8.8	5.20
代乳料Ⅱ	87.99	3.24	14.81	12.14	8.38	6.13	200.3	55	8.9	5.20
育肥前期Ⅰ	89.0	3.16	14.88	12.20	8.40	5.82	169.4	55		
育肥前期Ⅱ	89.1	3.32	14.94	12.25	8.43	5.88	171.9	61	7.3	4.30
育肥后期Ⅰ	88.58	3.23	14.51	11.90	8.17	5.64	160.2	33	5.5	4.1
育肥后期Ⅱ	88.79	3.27	14.42	11.82	8.11	5.49	155	35	5.6	4.1

表3-21　几种使用过的粗料和牛奶在营养上的有关成分

饲料	DM%	TDN	DE	ME	Nem	Neg	CP	CF	Ca	P
羊草	90.00	1.76	7.67	6.29	3.14	1.10	63	343	7.9	0.9
玉米青储	23.5	0.54	2.39	1.96	1.12	0.57	16	73.0	2.0	0.5
高粱青储	25.0	0.63	2.77	2.27	1.38	0.77	18.2	87.8	2.9	0.4
大麦青储	20.4	0.50	2.22	1.82	1.09	0.63	16.2	59.4	0.88	0.50
燕麦青储	35.0	0.76	3.35	2.74	1.51	0.70	28	115.5	0.90	0.50
牛奶	11.8	0.59	2.59	2.12	1.50	1.09	30	-	1.08	0.84

　　以上三种表是周建民等根据北京市黑白花奶公犊育肥试验后总结报告中提出的，在目前各地逐步扩大奶公犊催肥的情况下可以作为参考，并在使用中不断完善和精化，也特此介绍。

五、两种常用青饲料的日粮配方

　　作为肉牛育肥最常用的是玉米青储，随着农业三元种植结构的调整，现在也常用黑麦草，现介绍如下：

1. 玉米青储的用途

玉米，称为饲料之王，这是因为单位面积玉米整株能提供最多的营养，而且成本最低，玉米不是收获籽粒，而是收获整个植株，使玉米作为饲料，也是当前农作物种植结构由二元结构向三元结构调整的重要饲料作物之一。其优点表现在：

①在一年生作物中，玉米能提供的可消化有机物质的产量最高，以干物质（配制日粮时都要以干物质做基础进行计算）来表示，每667平方米可产出667～800千克，而需要的氮肥量只为8.0～10.0千克。如果种牧草，要产出这样的产量，每667平方米的氮肥需要量是16.7千克。而种牧草，用同样量氮肥头，一年往往产不出这个量的有机物质。

②生产玉米青储的成本，以每吨干物质计算与牧草是相似的，如果与购买小麦之类的精料相比，生产玉米青储则只占购买成本的一半。

③青储玉米生产由于整株玉米在贮藏过程中一些病菌和害虫如玉米螟虫的幼虫，经过厌氧发酵被杀死了，能抵抗相当多的谷物的病虫害，在轮作制度中是非常重要的中耕作物。

当然玉米青储不是万能的，主要的缺点是玉米青贮含蛋白质量比较低，我国大多数玉米品种的蛋白质含量占干物质量的8%以下，近年才有高蛋白质玉米出现，蛋白质比率可达12%左右，这对成年牛育肥足够了，但是如上所说，对于小犊牛在9月龄以下还是不足的，必须补充蛋白质含量高的精料或豆料牧草，或者尿素。

以荷斯坦（黑白花）牛品种做育肥时，以阉牛在8月龄为标准计算，用玉米青储来配制日粮，必须加高蛋白质牧草，下例以苜蓿颗粒料为例的几种粗料配比。

表3-22 每头8月龄奶阉牛的日粮玉米表贮和苜蓿时的日粮增重效果

项目	玉米青储与其他效率的配比				
	日粮一	日粮二	日粮三	日粮四	日粮五
粗蛋白质%	9.34	11.8	12.0	14.4	14.2
饲料采食量(千克)					
玉米青储	4.43	4.75	3.94	4.31	3.08
苜蓿草	–	0.04	1.31	1.45	2.77
合计	4.43	4.79	5.25	5.76	5.85
每日达到增重(千克)	0.57	0.67	0.84	0.93	0.95

*此配方只有青贮和苜蓿两种是供读者学习中参考的。

以上日粮配比有很好的参考意义，当尿素价格不贵的情况下，用1%尿素日粮，具有良好的效果，如果苜蓿颗粒价格便宜，或者本农户或养牛户有生产，尤其是大企业生产苜蓿，可用日粮五，达到较好的增重效果。

各编组日粮的组成如下：

日粮一：单纯的玉米青储

日粮二：玉米青储+1%尿素

日粮三：玉米青储+25%苜蓿颗粒

日粮四：玉米青储+25%苜蓿颗粒+1%尿素

日粮五：玉米青储+50%苜蓿颗粒。

如果蛋白质的需要量已经满足，而能量依然不足，那么在已经计算出配比的日粮的基础上，增加能量饲料，如添加谷物饲料，如饼粕，棉籽饼，甚至植物油、饲料油、糖蜜等，按不足的能量需要量从饲料营养成分表上去找。

如果配方的对象是 3 月龄的小牛，日粮中必须增加蛋白质的量要使之达到日粮干物质的 14.9%。小于这个月龄段的要提高到 16.5%，此时，喂给其他代乳品，或者用保姆牛的方法对幼犊就有好处。

表上的育肥期日增重基本上达到每日 1 千克的情况下，就可能使肉用品种或荷斯坦公犊在 15 月龄时达到 500 千克体重。如果苜蓿颗粒料的价格比较贵，就不必要求在 9 月龄时一定需每天长到 1 千克。如果只需每日长 600 克，那么苜蓿的喂量可以减少，也不必添加什么油粕饲料。营养配比方法参见"日粮配制示例"一段。

由于玉米是高产饲料作物，而成为肉牛日粮的主要来源，从种植的品种来源不同，对 9 月龄以下的犊牛来说（包括妊娠母牛）以高蛋白玉米品种为好，对于 10 月龄以上的催肥牛以高油玉米为好。

在放牧为主的条件下，补喂玉米青储，对于肉牛催肥，包括提供大体型的架子牛来说玉米青储的喂用都具有良好的效果。因此，在有条件的情况下，养牛户自己也种田的话，以种植饲用玉米最有利，对放牧或自由采食不能满足营养需要的时候，种玉米地能够提供低成本高效益的养牛效果。

表 3 - 23　每 667 平方米玉米青储田的营养供应能力

肉牛月龄	平均体重（千克）	青储干物质占活重%	需鲜料重（吨）	折干物质重（吨）	公顷数	含蛋白质（千克）
3 ~ 6	165	2.2	1.21	0.30	0.04	24
6 ~ 9	250	2.4	2.12	0.53	0.07	42.4
9 ~ 12	342	2.4	2.89	0.72	0.19	57.6
12 ~ 15	380	2.3	3.12	0.78	0.11	62.4
15 ~ 18	426	2.3	3.48	0.87	0.12	69.6

以上是每 667 平方米农田产鲜玉米全株含量为 6 吨的情况下的结果，假定青储技术不高，损耗量占产量的 15%，玉米的蛋白质含量达 8% 的营养水平时，玉米的生产效益。如以上为一头 426 千克重的肉牛能卖到 4500 元时，即 1200 平方米地的产值，不到每 667 平方米农田可收入 2500 元。如损耗量减低到 5% 时，每 667 平方米农田收入为 3167 元。

一旦农民种植高蛋白质玉米，其蛋白质含量占干物质量的 12% 时，即使鲜玉米产量依然为 6 吨的情况，那么 200 平方米田能产出 104.4 千克蛋白质。要养出 426 千克重的肥牛，只需 734 平方米地，所提供近 70 千克饲料粗蛋白质，达到预期的要求，那么每 667 平方米地的经济收入是 4091 元。我们绝大多数地方都适合种玉米，只要在区域规划中改为三元结构，种植饲用玉米做青储有良好的前景。

2. 黑麦草

这种牧草在我国开始推广 3 ~ 4 年之后，南北各地已广泛种植，尤其在南方，与水稻接茬，利用冬闲地和山地退耕还林还草的地方，其已被证明是具有生命力的牧草。目前对黑麦草的利用都是以青割为主，取得良好的效果。然而，黑麦草制干，制干后压紧，如颗粒或小砖块等方法能提高肉牛的增重。以方形压块的形式具有更好的效果。用制干草经实验室的牛体外干物质消化率测定，凡不是过老时收割，在消化率为73%和59%两种情况下，每头牛每天的增重和屠宰后期体增重有明显区别。下表为3~6月龄犊牛的饲养效果。

表3-24 黑麦草不同加工状态对青年牛生长的影响

干草状态	体外消化率(%)	日增重(千克)	胴体日增重1千克
切短松散	73	0.79	0.46
切短压块	73	0.83	0.52
打碎压块	73	0.89	0.53
切短松散	59	0.17	0.02
切短压块	59	0.21	0.05
打碎压块	59	0.31	0.16

这系列数字说明，牧草老化时，消化率下降对日增重是没有多大好处的，虽然这种牧草还有增重效果。而喂稻草，麦秸等粗料则会减重，即营养上入不敷出。当牧草抽穗后，立即收割，单独喂3~6月龄牛犊，能达到790克的日增重，如果经过压块方式加工，日增重可以提高到830克，甚至890克。但是磨细后不经压紧的饲养，是不可提倡的，其消化率反而会降低，要十分注意，牧草不是切得越细越好，这是提高牛的采食量的关键，压块就是其中之一。

六、常见饲料配方主要营养成分名词

1. 肉牛的维持需要。维持需要是指肉牛处在休闲状态（或称逍遥状态），不增重不掉重，仅为维持正常生理功能，即维持生命所需要的能量。肉牛体重不同，所要求的维持需要量是不同的（见附表1和附表2）。体重越大，维持需要量也越多。肉牛维持需要量的消耗，对养牛者无益。因此尽量减少维持需要量消耗，即缩短饲养期，便可节约饲养成本，提高饲养效益。

2. 肉牛的增重需要。肉牛体重增加（肌肉、骨骼、体组织、体脂肪沉积等）所需要的能量。一般的规律是：

（1）青年母牛增重能量需要大于青年公牛。

（2）大龄牛增重能量需要大于小龄牛。

（3）要沉积脂肪多的牛能量需要量大于长瘦肉的牛。

（4）只有每天日粮中能量的量大于维持需要量时，才有可能起增重作用。

（5）能量利用还受年龄的影响，肉牛体蛋白、矿物质、水分的百分率等影响，随肉牛的成熟、肥育进展而减少，胴体内脂肪占的比例则增加，增重需要随之增加。

表3-25 牛年龄与体内水分和脂肪的关系 （％）

牛年龄	水分	脂肪
初生牛犊	70	4
二岁阉牛	45～50	30～35

能量值较高的饲料有玉米、高粱、大麦、小麦及专用油脂等。

育肥肉牛在育肥的最后阶段要求供应的能量饲料中，饱和脂肪酸含量高一些，不饱和脂肪酸含量低一些，用这样的日粮喂肉牛，胴体脂肪硬度好。能量饲料中大麦具有上述特点。名称中干物质为 DM。粗蛋白质为 CP。

肉牛的能量需要标准如附表。

表示饲料能量的单位用卡（1 卡 = 4.1868 焦耳）、千卡、兆卡，现在多用焦耳。表示饲料能量值的单位有消化能、代谢能、净能、总消化养分、燕麦饲料单位、TDN、淀粉价等。它们的意义及其相互之间的换算关系如下：

饲料能量的表示：

可消化能（DE）　粗能（食入饲料潜在的总能值）（GE）—成分—粪能（FE），即 DE = GE—FE。

代谢能（ME）　消化能（DE）—尿能（UE）—甲烷气体（GAE）等，即 ME = DE—UE—GAE。

净能（NE）　代谢能（ME）—热增耗（HI），即 NE = ME—HI。

总消化养分　表明某种饲料对某个家畜的相对能值数字，用每 100 千克中 TDN 的千克数表示。

燕麦饲料单位　1 千克中等质量的燕麦在阉牛体内沉积 148（150）克脂肪（相当于 1414 千卡净能）为标准，与此数字相比得到的数，便是该饲料的燕麦单位。

TDN　扣除粪中能量损失以后的可消化养分作为基础，表示饲料能量的价值。

淀粉价　1 千克淀粉可在阉牛体内沉积 245 克脂肪（相当于 98.809 千焦净能），用其他饲料饲喂阉牛后在体内沉积的脂肪量与此数相比，得到的数值就是该饲料的淀粉价。

能量单位指标的换算：

代谢能（兆卡/千焦）= 消化能 ×0.82

$ME = DE \times 0.82$

净能（兆卡/千焦干物质）=0.307× 总消化养分 −0.764

$NEm = 0.029 \times$ 总消化养分 − 0.29

增重净能（兆卡/千克干物质）=0.029× 总消化养分 −1.01

$NEg = 0.029 \times$ 总消化养分 − 1.01

1 千克可消化总养分 = 3.563 兆焦代谢能

1 千克 TDN = 4400 千焦消化能

或 = 3608 千焦代谢能

1 千克淀粉价 = 1.66 个燕麦饲料单位

3. 粗纤维需要

在肉牛营养中很少介绍日粮中粗纤维水平，只规定日粮中粗饲料的比例。以干物质计算，日粮中粗饲料的比例最少为 15%，在育肥最终阶段必须保证相当量的粗饲料，否则牛采食量显著下降。

其他尚有矿物质需要、维生素需要等，饲养小牛生产小白牛肉，必须了解饲料的铁素含量，对此一般饲料都能满足。在有添加剂饲喂时，也都能得到补充，本书从略。

　　而生产小白牛肉，铁素很易超量，要选择含铁量少的饲料来配日粮。

第四章　小牛肉块名称和胴体分割部位

一、小牛肉名称

常见的小牛肉有白牛肉、幼仔牛肉、小牛肉和特殊规格仔牛肉牛四种方式。

1. 白牛肉。指 140～180 日龄销售为肉畜的牛肉。精肉的肉色为浅白粉红色，又称仔牛肉（见图 2），是牛肉的精品。受幼犊牛的屠宰年龄和饲料配方中成分的影响，决定着牛肉的嫩瘦和颜色。

2. 幼仔牛肉。指 21 日龄以内屠宰的幼犊的牛肉，其颜色通常都很浅，同白牛肉。

3. 小牛肉。指 5～10 月龄销售为肉畜的牛肉，精肉的肉色常常为暗红色（见图 3）。

4. 特殊规格仔牛肉。指不同饲养方式下生产的仔牛肉，一种是乳料饲喂仔牛肉。另一种是自然饲喂仔牛肉，这相当于上面所述用代乳配方和保姆牛法喂养，或者自然放牧喂养而成的犊牛所产的仔牛肉。

　　仔牛肉和小牛肉，在胴体上除了重量上有明显的不同以外，胴体表面附着的脂肪有很大的区别。脂肪的颜色在多用精料和青、干草类时，颜色较红，用纯乳或代乳时，脂肪色较白。附图为用精料配方育肥而成的犊牛胴体，用短角牛品种（图4）及其类似的早熟种，胴体表面的脂肪覆盖率高，但脂肪颜色取决于饲料种类，在饲料配方时要注意。

图4　短角牛

二、小牛胴体的分割

　　犊牛胴体的分割比较简单，较为通用并易于与国际接轨，这可以参照美国仔牛胴体分割原则。如分割图示：

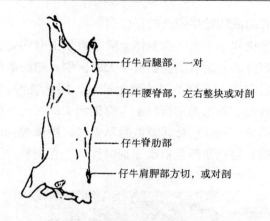

仔牛后腿部，一对

仔牛腰脊部，左右整块或对剖

仔牛脊肋部

仔牛肩胛部方切，或对剖

图5　仔牛全胴吊挂状态示意图

小牛屠宰后与成年牛胴体初步处理要求是相同的，即去头、四肢与尾，以及脏器。留在胴体上的尾椎不得超过两节，还要切除横膈，高品供应的冷却胴体或冷冻体胴体，应市场需求的不同而异。可以有半边胴，四分体胴的大块分割肉。仔牛胴的四分体含2根肋骨，仔牛胴的前四分体含前11根肋骨，即在第11肋和第12肋间顺其自然弧切开。在销售方需要进一步分割时，可以按订单进行分切。

对产品的要求，除在标准部位切开之外，切块必须色泽正常，无淤伤，无血凝块，无碎骨，切像要整齐，无异色，提供的胴体必须剔除胸腺，心脂。半胴的脊髓要去除。每块分割肉不得有不合要求的切痕。

小牛胴体的进一步分割，通常是5大块（图5、图6和图7）然后分割成的，称作：仔牛方切肩胛肉、仔牛肋脊肉、前小腿腱肉和胸肉、腰脊肉、仔牛后腿肉。然而在生产中为了避免肋肉被单独分割，提高成品价位，腰脊肉可以与肋肉内切为一块，或者腰脊肉与肋脊肉连成一切，以便供应不同烹调方式的精细切块的要求。

另外仔牛胴按特殊规格牛肉生产的要求，可切成各类肉排，如臂肩肉排、肩胛肉排，腰脊肉排等等，每片肉块都有规定的重量要求。

仔牛胴分割后又可分为：

1. 肩胛部

①仔牛方切肩胛肉选前，或仔牛方切肩胛肉去颈、去骨、捆绑为块肉；

②仔牛肩胛肉，分为上肩胛肉，或烘烤用上肩胛肉，苏格兰里肌，去上肩胛肉，去骨捆绑块肉；

③仔牛前小腿腱肉；

④仔牛胸前肉；

⑤仔牛含小切口胸前肉。

2. 肋脊部

①对割肋脊肉；

②仔牛肋眼肉条；

③含9根肋骨整块肋腰脊肉；

④腰脊肉条（多种规格）。

3. 腰脊部

①修整腰脊肉；

②腰部肋肉；

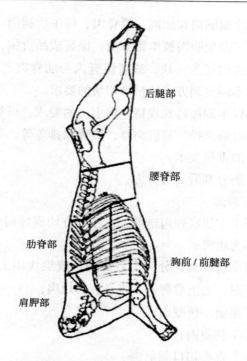

后腿部

腰脊部

肋脊部

胸前 / 前腱部

肩胛部

图 6　仔牛胴布褂状五大分割部位界线图

4. 后腿部

①去骨仔牛后腿肉捆绑块肉；

②去后腱，后腿肉；

③仔牛后腿腱肉；

④横切腱肉片；

⑤上后腿肉；

⑥下后腿肉；

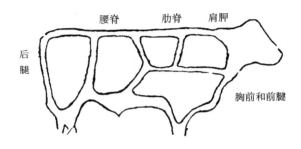

图 7　仔牛 5 大分割区侧面图

⑦膝圆肉。

5. 胸前部

①前胸肉；

②胸肉。

以及仔牛肉丁，仔牛肉糜等。这些是修整下来的胸、腹部等碎肉或由小块肉切成。

第五章　常　见　病

　　良好的管理，是犊牛出生后前三个月在幼嫩生命期防止产生疾病的需要。常见的疾病有三种，虫害有两种！

一、病害

1. 腹泻

　　腹泻是幼犊最常见的病患。因为病因不同，有非传染性的消化性腹泻，到大量细菌感染的白色糊状粪便，称作"白痢"，到血液进入粪便的，称作"红痢"。

　　初乳含有大量抗菌体，可以抵抗大多数大肠杆菌类菌种，避免腹泻的发生。这种腹泻常常发生在犊牛或者母牛从一个牛场转移或出售到另一个牛场的情况下。

　　要治愈不严重的腹泻，可以用减少喂奶的办法，一般的情况下，有连续 2 ~ 3 次人工哺乳时，少给饲喂量可以解决，或者给苏打水，各农户可以自行配制。几种成分配比是：5 升水加 120 克玉米粉；8 克食用苏打和 30 克食盐。此法有助于缓解因为腹泻引起的脱水症状。而出现严重的症状，如持续下痢，有高烧，无食欲，眼窝塌陷时，要求助于兽医。凡出现此类腹泻症状的畜主宜马上将该犊牛从主喂养区隔离出来，单独护理。

附：中药治犊牛慢性腹泻

1个月以上犊牛，粪便呈血样，色暗，或暗绿、褐，稀粪内含硬块时，可以按每千克体重喂氯霉素 0.01 克。为恢复胃肠功能，可喂胃白酶 6 克，乳酶生 6 克，葡萄糖 30 克。1 日分 3 次内服。也可用痢特灵 0.2 ~ 0.3 克，每日 2 次内服。

如果是大肠杆菌性，为犊牛白痢，属急性，或败血性传染，多在秋末开始发生，冬春为发病高峰期。1 ~ 3 日内犊牛最常见，体温 41℃ ~ 41.5℃，粪稀，淡黄或黄绿色，腥臭。未腹泻犊牛的粪稍干，呈柠檬色有血液，易死亡。此时宜早喂初乳，乳中加金霉素粉，每次 0.5 克，每日 2 次，连服 3 天。用葡萄糖 5% 的生理盐水，或复方氯化钠 1000 ~ 1500 毫升静脉注射。加有关的抗生素，也可肌肉注射。有中毒症状时，加 5% 碳酸氢钠 80 ~ 100 毫升。

附：中药治犊牛慢性腹泻

此方为四神丸加味，方剂如下：

补骨脂 30 克，五味子 20 克，煨肉豆蔻 20 克

吴茱萸 10 克，生姜 10 克，大枣 20 克，

党参 25 克，白术 25 克，茯苓 30 克，

煨订子 30 克。

每剂水煎 2 次。连服 2 ~ 3 剂。

脱水严重的犊牛，应结合补液，或内服氯化钾 1 克，

食盐 5 克，绿茶制碎末 6 克，于 500 毫升水中让其饮用。

2. 肺炎

犊牛肺炎是常发性的，任何时候都可能出现。当犊牛被突然置于寒冷或有贼风的场所时，或者由于腹泻等疾病犊牛抵抗力下降也会引发肺炎。

肺炎的症状是精神委靡，咳嗽，呼吸急促，肺炎会传染，此时要将病犊与健康的犊牛分开，在治疗上可用磺胺类和抗生素药物，要立即求助兽医。也可用卡诺等药物。

3. 副伤寒

10 ~ 40 日龄的犊牛最常见，为病牛排泄物的感染。体温 40℃ 以上，腹泻，粪稀，含血和黏液，腥臭。肺炎，咳嗽，有时为间歇性腹泻。体温高时废食，关节肺大，发炎。此时首先用 50% 葡萄糖生理盐水 500 毫升，四环素 75 万单位，5% 碳酸氢钠 150 毫升静脉一次注射，每日 2 次。内服可用氯霉素。每千克体重 0.02 克，初剂用量加倍。

4. 金钱癣

金钱癣是真菌生长引起的，在感染时皮肤上出现圆斑，使毛脱落，皮痂覆盖，犊牛有蹭痒动作。在症状立即发现并迅速治疗时，恢复很快。病犊的长癣部位要用硬毛刷子扣去皮痂，扣痂皮时用金属丝刷子或铁刷子最好。清理处要反复揉入药物，如碘酊，水杨酸。牛栏要彻底清刷，立即将污物清理出饲养区。

二、虫害

1. 内寄生虫

犊牛常患有几种胃肠寄生虫，常见的是钱虫。犊牛感染的途径是吃入有寄生虫幼虫的牛粪。

症状有几种：如在嘴和眼部出现贫血，皮毛杂乱，生长停滞。防止的方法：犊牛栏不能拥挤，与患寄生虫的成年畜不能在同一草场上放牧。

肝线虫感染呼吸道，对呼吸产生严重干扰，严重时是致死性的。病犊咳嗽、呼吸紧迫、食欲速减，间息性拉痢疾。预防中最有效的办法是良好有序的管理和消毒制度。有病牛放牧过的草场要长时间的停牧后，才可放养犊牛。发现问题不要讳疾忌医。

2. 蝇和虱

厩蝇、家蝇、苍蝇等常在粪尿和潮湿的沟渠和污水产卵，因此即时清理掉这些排泄物是最有效的防治方法。

牛蝇是将卵产在体阴处的害虫，产卵后 4～5 天，蝇蛆孵出。然后钻入皮肤，在牛体内越冬，返春时转移到背腰部，打入皮下，再从皮肤上打孔钻出，危害极大。牛虱在冬季最常见。根除蝇和虱要与当地的卫生防疫单位挂钩，同期协同处理，可达到更好效果。

治疗以上虫害，出售药物有广谱高效杀虫，驱虫，杀螨剂可供使用，如用阿维菌素或伊维菌素，有名为虫克星等成药出售。过去用滴滴畏、六六六等，但都有残毒，已禁止使用。

附　表

附表1　生长育肥肉牛的营养需要量

体重阶段 （千克）	日增重 （克）	每头日最少干 物质进食量 （千克）	日粮中粗 料的%	总蛋白量 （千克）	维持需要 （兆焦）	增重需要 （兆焦）	钙 （克）	磷 （克）
	0	2.1	100	0.18	10.17	0	4	4
	500	2.9	75	0.36	10.17	3.73	14	11
100	700	2.7	55	0.41	10.17	7.03	24	16
	900	2.8	27	0.45	10.17	8.79	28	19
	1100	2.7	15	0.50	10.17	8.79	28	19
	0	2.8	100	0.23	13.82	0	5	5
	500	4.0	75	0.45	13.82	0	5	5
150	700	3.9	55	0.50	13.82	7.24	18	14
	900	3.8	27	0.55	13.82	11.89	28	17
	1100	3.7	15	0.59	13.82	11.89	28	20
	0	3.5	100	0.30	17.17	0	5	5
	500	5.8	85	0.59	17.17	10.59	5	5
200	700	5.7	75	0.59	17.17	13.94	18	14
	900	4.9	40	0.59	17.17	17.46	28	17
	1100	4.6	15	0.64	17.17	21.10	23	15
	0	4.4	100	0.35	20.26	0	8	8
	700	5.8	60	0.64	20.26	10.99	18	16
250	900	6.2	47	0.63	20.26	13.94	22	19
	1100	6.0	27	0.73	20.26	17.46	21	14
	1300	6.0	15	0.77	20.26	21.10	23	14
	0	4.7	100	0.40	23.24	0	9	9
	900	8.1	60	0.82	23.24	15.99	22	19
300	1100	7.6	22	0.82	23.24	20.01	25	22
	1300	7.1	15	0.82	23.24	24.16	29	23
	1400	7.3	15	0.86	23.24	21.10	31	25
	0	0	100	0.46	26.12	0	10	10
	900	9.4	75	0.86	26.12	17.96	20	18
350	1100	8.5	55	0.86	26.12	22.44	23	20
	1300	8.6	27	0.86	26.12	27.13	26	22
	1400	9.0	15	0.91	26.12	29.56	28	24

续表

体重阶段 （千克）	日增重 （克）	每头日最少干 物质进食量 （千克）	日粮中粗 料的%	总蛋白量 （千克）	维持需要 （兆焦）	增重需要 （兆焦）	钙 （克）	磷 （克）
	0	5.9	100	0.46	28.84	0	11	11
	1000	9.4	45	0.86	28.84	22.31	21	20
400	1200	8.5	22	0.86	28.84	27.38	23	21
	1300	8.6	15	0.91	28.84	29.98	25	22
	1400	9.0	15	0.95	28.84	32.66	26	23
	0	6.4	100	0.54	31.48	0	12	12
	1000	10.3	45	0.95	31.48	24.36	20	20
450	1200	10.2	22	0.95	31.48	29.89	22	22
	1300	9.3	15	0.95	31.48	32.78	24	23
	1400	9.8	15	0.95	31.48	35.67	25	23
	0	7.0	100	0.60	34.08	0	19	19
	900	10.5	45	0.95	34.08	23.45	19	19
500	1100	10.4	22	0.95	34.08	29.35	20	20
	1200	9.6	15	0.95	34.08	32.36	21	21
	1300	10.0	15	0.95	34.08	35.46	22	22

附表2　生长育肥肉牛的净能需要量（每头日兆焦）

体重（千克） 维持需要 （兆焦）	100 10.17	150 13.82	200 17.16	250 20.26	300 23.24	350 26.24	400 28.85	450 31.48	500 34.08
日增重（克）				增重需要（兆焦）					
100	0.71	0.96	1.17	1.42	1.63	1.80	2.00	2.18	2.34
200	1.42	1.93	2.39	2.85	3.26	3.68	4.06	4.44	4.77
300	2.18	2.93	3.64	4.31	4.90	5.57	6.51	6.74	7.28
400	2.93	3.98	4.94	5.86	6.70	7.54	8.33	9.08	9.80
500	3.73	5.92	6.24	7.41	8.46	9.50	10.51	11.47	12.43
600	4.52	6.11	7.58	9.00	10.30	11.55	12.77	13.74	15.07
700	5.32	7.24	8.96	10.59	12.14	13.65	15.07	16.45	17.79
800	6.15	8.37	10.34	12.27	14.07	15.78	17.46	19.05	20.60

续表

体重（千克）维持需要（兆焦）	100 10.17	150 13.82	200 17.16	250 20.26	300 23.24	350 26.24	400 28.85	450 31.48	500 34.08
日增重（克）	增重需要（兆焦）								
900	7.03	9.50	11.80	13.94	15.99	17.96	19.84	21.69	23.45
1000	7.87	10.68	13.23	15.70	17.96	20.18	22.31	24.37	26.33
1100	8.79	11.93	14.74	17.45	20.01	22.44	24.83	27.38	29.35
1200	9.67	13.10	16.24	19.26	22.06	24.78	27.38	29.89	32.36
1300	10.59	14.36	17.83	21.10	24.16	27.13	29.98	32.78	35.46
1400	11.55	15.66	19.38	22.98	26.33	29.56	32.66	35.67	38.60
1500	12.52	16.96	21.18	24.91	28.51	32.03	35.42	38.64	41.78

饲料原料成分表：

附表3　肉牛常用饲草饲料营养成分表

饲料类别	饲料名称	干物质（%）	粗蛋白质（%）	粗脂肪（%）	粗纤维（%）	钙（%）	磷（%）	消化能（兆焦/千克）	综合净能（兆焦/千克）	肉牛能量单位 RND/千克	样品地点及说明
青绿饲料类	苜蓿	26.6	3.8	0.3	9.4	0.34	0.01	2.42	1.02	0.13	北京,盛花期样品
		100.0	14.5	1.1	35.9	1.30	0.04	9.22	3.87	0.48	
	青割大麦	15.7	2.0	0.5	4.7	—	—	1.8	0.36	0.11	北京,5月上旬样品
		100.0	12.7	3.2	29.9	—	—	11.45	5.48	0.68	
	黑麦草	18.0	3.3	0.6	4.2	0.13	0.05	2.22	1.11	0.14	北京,伯克意大利黑麦草
		100.0	18.3	3.3	23.3	0.72	0.28	12.33	6.17	0.76	
	沙打旺	14.9	3.5	0.5	2.3	0.20	0.05	1.75	0.85	0.10	北京
		100.0	23.5	3.4	15.4	1.34	0.34	11.76	5.68	0.44	
	象草	20.0	2.0	0.6	7.0	0.15	0.02	2.23	1.02	0.13	广东湛江
		100.0	10.0	3.0	35.0	0.25	0.10	11.13	5.12	0.63	
	甘薯藤	13.0	2.1	0.5	2.5	0.20	0.05	1.37	0.63	0.08	11省市,15样品平均
		100.0	16.2	3.8	19.2	1.54	0.38	10.55	4.84	0.60	
	野青草	18.9	3.2	1.0	5.7	0.24	0.03	2.06	0.93	0.12	黑龙江
		100.0	16.9	5.7	30.2	1.27	0.16	10.92	4.93	0.61	
	野青草	25.3	1.7	0.7	7.1	—	0.12	2.53	1.14	0.14	北京,狗尾草为主
		100.0	6.7	2.8	28.1	—	0.47	10.01	4.50	0.56	

续表 1

饲料类别	饲料名称	干物质（%）	粗蛋白质（%）	粗脂肪（%）	粗纤维（%）	钙（%）	磷（%）	消化能（兆焦/千克）	综合净能（兆焦/千克）	肉牛能量单位RND/千克	样品地点及说明
青贮饲料类	青贮玉米	22.7 100.0	1.6 7.0	0.6 2.6	6.9 30.4	0.10 0.44	0.06 0.26	2.25 9.90	1.00 4.40	0.12 0.54	4省市, 5样品平均
	收穗玉米秸秆青贮	25.0 100.0	1.4 5.6	0.3 1.2	8.7 35.6	0.10 0.40	0.02 0.08	1.70 6.87	0.61 2.44	0.08 0.30	吉林双阳, 收穗后干黄
青储类	玉米大豆混合青储	21.8 100.0	2.1 9.6	0.5 2.3	6.9 31.7	0.15 0.69	0.06 0.28	2.20 10.09	1.05 4.82	0.13 0.60	北京
	青储胡萝卜叶	19.7 100.0	3.1 15.7	1.3 6.6	5.7 28.9	0.35 1.78	0.03 0.15	2.01 10.18	0.95 4.81	0.12 0.60	青海西宁起薹
	青储冬大麦	22.2 100.0	2.6 11.7	0.7 3.2	6.6 29.7	0.05 0.23	0.03 0.14	2.47 11.14	1.18 5.33	0.15 0.66	北京, 7样品平均
	青储苜蓿	33.7 100.0	5.3 15.7	1.4 4.2	12.8 38.0	0.50 1.48	0.10 0.30	3.13 9.29	1.32 3.93	0.16 0.49	青海西宁盛花期
	青储甘薯藤	18.3 100.0	1.7 9.3	1.1 6.0	4.5 24.6	— —	— —	1.53 8.28	0.64 3.52	0.08 0.44	上海
	青储甜菜叶	37.5 100.0	4.6 12.3	2.4 6.4	7.4 19.7	0.39 10.4	0.10 0.27	4.26 11.36	2.14 5.69	0.26 0.70	吉林
块根块茎瓜果类	甘薯	24.6 100.0	1.1 4.5	0.2 0.8	0.8 3.3	— —	0.07 0.28	3.70 15.05	2.07 8.43	0.26 0.70	北京
	甘薯	25.0 100.0	1.0 4.0	0.3 1.2	0.9 3.6	0.13 0.52	0.05 0.20	3.83 15.31	2.14 8.55	0.26 1.04	7个省市, 8样品平均
	胡萝卜	9.3 100.0	0.8 8.6	0.2 2.2	0.8 8.6	0.05 0.54	0.03 0.32	1.45 15.60	0.82 8.87	0.10 1.10	张家口
	胡萝卜	12.0 100.0	1.1 9.2	0.3 2.5	1.2 10.0	0.15 1.25	0.09 0.75	0.85 15.44	1.05 8.7	0.13 1.08	12省市样品平均

续表 2

饲料类别	饲料名称	干物质（%）	粗蛋白质（%）	粗脂肪（%）	粗纤维（%）	钙（%）	磷（%）	消化能（兆焦/千克）	综合净能（兆焦/千克）	肉牛能量单位RND/千克	样品地点及说明
块根块茎瓜果类	马铃薯	22.0	1.6	0.1	0.7	0.02	0.03	3.29	1.82	0.23	10省市，样品平均
		100.0	7.5	0.5	3.2	0.09	0.14	14.97	8.28	1.02	
	甜薯	15.0	2.0	0.4	1.7	0.06	0.04	1.94	1.01	0.12	8省市样品平均
		100.0	13.3	27	11.3	0.40	0.27	12.93	6.71	0.83	
	甜菜丝干	88.6	7.3	0.6	19.6	0.66	0.07	12.25	6.49	0.80	北京
		100.0	8.2	0.7	22.1	0.60	0.08	13.82	7.33	0.91	
	芜青甘蓝	10.0	1.0	0.2	1.3	0.06	0.02	1.58	0.91	0.11	3省市，5样品平均
		100.0	10.0	2.0	13.0	0.60	0.20	15.80	9.05	0.12	
干草类	羊草	91.6	7.4	3.6	29.4	0.37	0.18	8.78	3.70	0.46	黑龙江，4样品平均
		100.0	8.1	3.9	32.1	0.40	0.20	9.59	4.04	0.50	
	苜蓿干草	92.4	11.6	1.3	29.5	1.95	0.28	9.79	4.51	0.50	北京，前苏联苜蓿2号
		100.0	13.1	1.4	31.9	2.11	0.30	10.59	4.89	0.60	
	苜蓿干草	88.7	11.6	1.2	43.3	1.24	0.39	7.67	3.13	0.39	北京，下等苜蓿
		100.0	13.1	1.4	48.8	1.40	0.44	8.64	3.53	0.44	
	黑麦草	87.8	17.0	4.9	20.4	0.39	0.24	10.42	5.00	0.62	吉林
		100.0	19.4	5.6	23.2	0.44	0.27	11.86	5.70	0.71	
	碱草	91.7	74	3.1	41.3	—	—	6.54	2.37	0.29	内蒙古，结实期
		100.0	8.1	3.4	45.0	—	—	7.13	2.58	0.32	
	大米草	83.2	12.8	2.7	30.3	0.42	0.02	7.65	3.29	0.41	江苏，整株
		100.0	15.4	3.2	36.4	0.50	0.02	9.19	3.95	0.49	
	野干草	87.9	9.3	3.9	25.0	0.38	—	8.42	3.54	0.44	河北，野草
		100.0	10.6	4.4	28.4	0.38	—	9.58	4.03	0.50	
农副产品类	花生蔓	91.3	11.0	1.5	29.6	2.46	0.04	9.48	4.31	0.53	山东，伏花生
		100.0	12.0	1.6	32.4	2.69	0.04	10.39	4.72	0.58	
	甘薯蔓	88.0	8.1	2.7	28.5	1.55	0.11	8.35	3.64	0.45	7省市，31样品平均
		100.0	9.2	3.1	32.4	1.76	0.13	9.49	4.13	0.51	
作物秸秆类	玉米秸	90.0	5.9	0.9	29.4	—	—	8.33	3.61	0.45	辽宁，3样品平均
		100.0	6.6	1.0	27.7	—	—	9.25	4.01	0.50	
	小麦秸	89.6	5.6	1.6	31.9	0.05	0.06	6.23	2.29	0.28	新疆，墨西哥小麦种
		100.0	6.3	1.8	35.6	0.06	0.07	6.95	2.56	0.32	

续表3

饲料类别	饲料名称	干物质(%)	粗蛋白质(%)	粗脂肪(%)	粗纤维(%)	钙(%)	磷(%)	消化能(兆焦/千克)	综合净能(兆焦/千克)	肉牛能量单位RND/千克	样品地点及说明
作物秸秆类	小麦秸	43.5	4.4	0.6	15.7	—	—	2.91	1.04	0.13	北京,
		100.0	10.1	1.4	36.1	—	—	6.69	2.40	0.30	冬小麦
	稻草	89.4	2.5	1.7	24.1	0.07	0.05	6.74	2.68	0.33	浙江,
		100.0	2.8	1.9	27.0	0.08	0.06	7.54	3.00	0.37	晚稻
	稻草	90.3	6.2	1.2	27.0	0.56	0.17	6.03	2.32	0.29	河南
		100.0	6.9	1.3	29.9	0.62	0.19	6.68	2.57	0.32	
	谷草	90.7	4.5	1.2	32.6	0.34	0.03	8.18	3.50	0.43	黑龙江,
		100.0	5.0	1.3	35.9	0.37	0.03	9.02	3.86	0.48	粟秸秆
谷实类	玉米	88.4	8.6	3.5	2.0	0.08	0.21	14.87	8.06	1.00	23省市,
		100.0	9.7	4.4	2.3	0.09	0.24	16.90	9.12	1.18	样品平均
	玉米	88.0	8.5	4.3	1.3	0.02	0.21	14.87	8.40	1.04	北京,
		100.0	9.7	4.9	1.5	0.02	0.24	16.90	9.55	1.18	黄玉米
	高粱	89.3	8.7	3.3	2.2	0.09	0.36	13.09	6.89	0.86	17个省市
		100.0	9.7	3.7	2.5	0.10	0.41	15.04	8.02	0.99	样品平均
	大麦	88.8	10.8	2.0	4.7	0.12	0.29	13.31	7.19	0.89	20省市,
		100.0	12.1	2.3	5.3	0.14	0.33	14.99	8.10	1.00	样品平均
	稻谷	90.6	8.3	1.5	8.5	0.13	0.28	13.00	6.89	0.86	9省,灿稻
		100.0	9.2	1.7	9.4	0.14	0.31	14.35	7.71	0.95	样品平均
	燕麦	90.3	11.6	5.2	8.9	0.15	0.33	13.28	6.95	0.86	11省市,
		100.0	12.8	5.8	9.9	0.17	0.37	14.70	7.70	0.95	样品平均
	小麦	91.8	12.1	1.8	2.4	0.11	0.36	14.82	8.29	1.03	
		100.0	13.2	2.0	2.6	0.12	0.39	16.14	9.03	1.12	
糠麸类	小麦麸	88.6	14.4	3.7	9.2	0.18	0.78	11.37	5.86	0.73	全国,115
		100.0	16.3	4.2	10.4	0.20	0.88	13.24	6.61	0.82	样品平均
	小麦麸	89.3	15.0	3.2	10.3	0.14	0.54	11.74	5.66	0.70	山东,39
		100.0	16,8	3.6	11.5	0.16	0.60	12.84	6.33	0.78	样品平均
	玉米皮	88.2	9.7	4.0	9.1	0.28	0.35	11.68	5.83	0.72	6省市,
		100.0	11.0	4.5	10.3	0.32	0.40	13.25	6.61	0.82	样品平均
	玉米皮	87.9	9.7	4.0	9.1			10.12	4.59	0.72	北京
		100.0	11.0	4.5	10.3			11.51	5.22	0.82	

续表4

饲料类别	饲料名称	干物质(%)	粗蛋白质(%)	粗脂肪(%)	粗纤维(%)	钙(%)	磷(%)	消化能(兆焦/千克)	综合净能(兆焦/千克)	肉牛能量单位RND/千克	样品地点及说明
糠麸类	米糠	90.2 100.0	12.1 13.4	15.5 17.2	9.2 10.2	0.14 0.16	1.04 1.15	13.93 15.44	7.22 8.00	0.89 0.99	4省市,13样品平均
	高粱糠	91.1 100.0	9.6 10.5	9.1 10.0	4.0 4.4	0.07 0.08	0.81 0.89	14.02 15.39	7.40 8.13	0.92 1.01	2省,8样品平均
	黄豆粉	87.2 100.0	9.5 10.9	0.7 0.8	1.3 1.5	0.08 0.09	0.44 0.50	14.24 16.33	8.08 9.26	1.00 1.15	北京,土面粉
	大豆皮	91.0 100.0	18.8 20.7	2.6 2.9	25.1 27.6	— —	0.35 0.38	11.25 12.36	5.40 5.94	0.67 0.74	北京
饼粕类	豆饼	90.6 100.0	43 47.5	5.4 6.0	5.7 6.3	0.32 0.35	0.50 0.55	14.31 15.80	7.41 8.17	0.92 1.01	13省,机榨42样品平均值
	豆饼	89.0 100.0	45.8 51.2	0.9 1.0	6.0 6.7	0.32 0.36	0.67 0.75	13.48 15.15	6.97 7.83	0.86 0.97	四川,溶剂法
	菜籽饼	92.2 100.0	33.1 36.0	7.5 8.2	9.8 10.7	0.58 0.63	0.77 0.84	13.76 14.95	7.01 7.62	0.87 0.94	13省市,机榨21样品平均
	胡麻饼	92.0 100.0	33.1 36.0	7.5 8.2	9.8 10.7	0.58 0.63	0.77 0.84	13.76 14.95	7.01 7.62	0.87 0.94	8省,机榨34样品平均值
	花生饼	89.9 100.0	46.4 51.6	6.6 7.3	5.8 6.5	0.24 0.27	0.52 0.58	14.44 16.04	7.41 8.24	0.92 1.02	9省市,机榨34样品平均值
	棉籽饼	88.3 100.0	39.4 44.6	2.1 2.4	10.4 11.8	0.23 0.26	2.01 2.28	12.05 13.65	5.95 6.74	0.74 0.83	上海,去壳浸提2样品平均值
	棉籽饼	89.6 100.0	32.5 36.3	5.7 6.4	10.7 11.9	0.27 0.30	0.81 0.90	13.11 14.63	6.62 7.39	0.82 0.92	4省,去壳机榨6样品平均值
	向日葵饼	92.6 100.0	46.1 49.8	2.4 2.6	11.8 12.7	0.53 0.57	0.35 0.38	10.97 11.84	4.93 5.32	0.61 0.66	北京,去壳浸提

续表 5

饲料类别	饲料名称	干物质(%)	粗蛋白质(%)	粗脂肪(%)	粗纤维(%)	钙(%)	磷(%)	消化能(兆焦/千克)	综合净能(兆焦/千克)	肉牛能量单位 RND/千克	样品地点及说明
糟渣类	高粱酒糟	37.7	9.3	4.2	3.4	—	—	5.83	3.30	0.38	吉林
		100.0	24.7	11.1	9.0	—	—	15.46	8.05	1.00	
	玉米酒糟	21.0	4.0	2.2	2.3	—	—	2.69	1.25	0.15	贵州
		100.0	19.0	10.5	11.0	—	—	12.89	5.94	0.73	
	啤酒糟	23.4	6.8	1.9	3.9	0.09	0.18	2.98	1.38	1.38	2省,3样品平均值
		1000.0	29.1	8.1	16.7	0.38	0.77	12.27	12.27	5.91	

附表 4　牛常用矿物质饲料成分表

饲料名称	干物质(%)	钙(%)	磷(%)	饲料名称	干物质(%)	钙(%)	磷(%)
骨粉	94.5	31.26	14.17	白云粉	—	21.16	0
贝壳粉	98.6	34.76	0.02	石粉	—	55.67	0.11
蛋壳粉	91.2	29.33	0.14	石灰粉	99.7	32.0	—
蚌壳粉	99.3	40.82	0	碳酸钙	99.1	35.19	0.14
蛎粉	99.6	39.23	0.23	磷酸钙	—	27.19	14.38
蟹壳粉	89.9	23.33	1.59	磷酸氢钙	99.8	21.85	8.64

附表 5　常用饲料原料成分表

原料	干物质(%)	粗蛋白(%)	乙醚浸提物(%)	粗纤维(%)	钙(%)	总磷(%)	有效磷(%)	灰分(%)	反刍动物可消化蛋白(%)	反刍动物可消化总养分(%)	铁元素(毫克/千克)
亚麻粕(挤压)	90	32.0	3.5	9.5	0.4	0.8	—	6.0	28.1	75	200
亚麻粕(浸提)	88	33.0	0.5	9.5	0.35	0.75	—	6.0	28.7	70	300
干大麦芽	92	25.0	1.2	15.0	0.2	0.7	—	7.0	19.7	63	缺
肉骨粉,CP=45%	92	45.0	8.5	2.5	11.0	5.9	5.9	37.0	35.5	63	500
肉骨粉,CP=50%	93	50.0	8.5	2.8	9.2	4.7	4.7	33.0	39.5	68	500

续表 1

原料	干物质(%)	粗蛋白(%)	乙醚浸提物(%)	粗纤维(%)	钙(%)	总磷(%)	有效磷(%)	灰分(%)	反刍动物可消化蛋白(%)	反刍动物可消化总养分(%)	铁元素(毫克/千克)
肉粉, CP=55%	93	55.0	7.2	2.5	7.6	4.0	4.0	25.0	43.5	66	440
全脂干奶粉, 饲料级	96	25.5	26.7	0.1	0.9	0.72	0.72	5.6	缺	110	90
粟粒	90	12.0	4.2	6.5	0.05	0.3	0.10	2.5	7.0	69	40
糖蜜,甜菜	79	7.6	0.0	0.0	0.1	0.02	—	10.5	4.2	61	100
糖蜜,甘蔗	74	2.9	0.0	0.0	0.82	0.08	—	8.1	1.8	54	200
糖蜜,干甘蔗	91	7.0	0.5	9.0	1.18	0.9	—	8.0	5.5	80	缺
糖蜜,柑橘	68	5.7	0.2	—	1.2	0.12	—	5.4	2.5	52	73.1
糖蜜,玉米淀粉	73	0.05	—	—	0.1	0.6	—	8.0	—	65	—
糖蜜,木浆	66	0.7	0.3	0.7	0.52	0.05	—	8.0	0.3	50	—
燕麦粒	90	11.0	4.0	4.5	0.1	0.35	0.14	4.0	8.8	68	70
燕麦粒,太平洋沿岸	90	9.8	4.5	4.5	0.09	0.33	0.13	4.0	6.9	70	70
燕麦皮,去壳	92	16.0	6.0	2.6	0.07	0.45	0.17	2.2	11.7	90	35
燕麦壳	93	3.5	0.6	30.0	0.1	0.15	0.04	6.5	1.0	37	100
次豌豆	91	22.0	1.0	6.0	0.17	0.32	0.13	2.8	17.0	72	缺
花生粕,浸提	92	48.0	1.5	6.8	0.29	0.65	0.21	7.2	42.7	71	142
花生饼,机榨	92	45.0	5.0	12.0	0.15	0.55	0.18	5.8	37.9	76	缺
家禽副产品粉	94	53.0	14.0	2.5	5.0	2.7	2.7	16.0	45.9	74	500
干禽,笼养	89	28.7	1.7	14.9	7.8	2.2	—	26.5	缺	缺	200
干禽,平养	85	25.3	2.3	18.6	2.5	1.6	—	14.1	缺	缺	—
菜粕,浸提	92	36.0	2.6	13.2	0.66	0.93	0.30	7.2	32.0	64	180
全脂米糠	91	13.5	5.9	13.0	0.1	1.7	0.24	11.0	9.9	60	190
稻壳	92	4.0	0.5	44.0	0.04	0.1	0.02	20.0	缺	缺	缺
糙米	89	7.3	1.7	10.0	0.04	0.26	0.09	4.05	5.9	71	10
黑麦粒	89	12.6	1.85	8.8	0.08	0.3	0.10	1.45	9.5	76	80

续表 2

原料	干物质(%)	粗蛋白(%)	乙醚浸提物(%)	粗纤维(%)	钙(%)	总磷(%)	有效磷(%)	灰分(%)	反刍动物可消化蛋白(%)	反刍动物可消化总养分(%)	铁元素(毫克/千克)
红花籽饼，机榨	91	20.0	6.6	32.2	0.23	0.61	0.20	3.7	14.5	52	500
红花籽白，浸提	90	22.0	0.5	37.0	0.34	0.84	0.23	5.0	17.4	52	500
红花籽粕，浸提	91	42.0	1.3	15.1	0.4	1.25	0.37	7.8	36.5	69	990
芝麻饼，机榨	94	42.0	7.0	6.5	2.0	1.3	0.24	12.0	38.0	70	95
干脱脂奶粉	92	33.0	0.5	0.0	1.25	1.0	1.0	8.0	26.8	80	50
高粱蛋白饲料	88	24.0	3.2	9.0	0.15	0.65	0.21		18.9	74	缺
高粱蛋白粉	90	42.0	4.3	3.5	0.04	0.3	0.10	1.8	34.0	83	缺
高粱粒，西非	89	11.0	2.8	2.0	0.04	0.29	0.10	1.7	6.3	71	52
蒸炒全脂大豆	90	38.0	18.0	5.0	0.25	0.59	0.20	4.6	34.1	85	75
豆粕，机榨	89	42.0	3.5	6.5	0.2	0.6	0.20	6.0	35.5	78	160
豆粕，浸提	90	44.0	0.5	7.0	0.25	0.6	0.20	6.0	37.5	78	120
去皮豆粕，浸提	88	47.8	1.0	3	0.2	0.65	0.21	6.0	46.6	79	120
葵饼，挤压	93	41.0	7.6	21	0.43	1.0	0.25	6.8	32.4	61	110
葵粕，浸提	93	42.0	8.3	21	0.40	1.0	0.25	7.0	41.1	60	110
葵粕，部分去壳，浸提	92	34.0	0.5	13	0.3	1.25	0.27	7.1	28.5	61	50
西红柿浆	93	21.0	10.0	25.0	0.4	0.57	0.20	6.0	12.6	67	900
黑小麦	90	12.5	1.5	缺	0.05	0.3	0.10	缺	缺	缺	44
硬粒小麦	88	13.5	1.9	3.0	0.05	0.41	0.12	2.0	4.9	76	50
软粒小麦	86	10.8	1.7	2.8	0.05	0.3	0.11	2.0	8.5	79	43
小麦麸	89	14.8	4.0	10.0	0.14	1.17	0.38	6.4	11.5	62	170
碎小麦	89	16.0	4.2	6.0	0.11	0.76	0.21	8.2	12.0	77	100
小麦胚芽粉	89	25.0	7.0	3.5	0.01	1.0	0.31	5.3	19.5	84	41
次小麦粉	89	15.0	3.6	8.5	0.15	0.91	0.28	5.5	12.2	81	60

续表 3

原料	干物质(%)	粗蛋白(%)	乙醚浸提物(%)	粗纤维(%)	钙(%)	总磷(%)	有效磷(%)	灰分(%)	反刍动物可消化蛋白(%)	反刍动物可消化总养分(%)	铁元素(毫克/千克)
小麦筛渣, 1#	89	14.8	2.6	6.2	0.18	0.43	0.11	2.1	12.1	50	35
小麦筛渣, 2#	92	12.5	3.9	7.6	0.13	0.32	0.09	4.3	12.6	52	35
小麦筛渣	91	12.4	4.5	13.4	0.23	0.29	0.09	10.3	2.0	60	缺
干乳清粉, 低乳糖	94	17.0	1.0	0.0	1.5	1.2	1.2	19.0	16.0	75	240
干乳清粉	94	12.0	0.7	0.0	0.87	0.79	0.79	9.7	11.2	79	160
酵母培养物	93	14.0	3.5	6.0	0.28	0.71	0.19	10.0	9.8	73	150
干酵母	93	48.5	2.0	2.7	0.5	1.6	0.45	8.0	40.2	74	100
苜蓿草粉, 脱水	93	20.0	3.5	20.0	1.5	0.27	0.27	10.5	14.0	58	320
苜蓿草粉, 脱水	93	17.0	3.0	24.0	1.3	0.23	0.23	9.6	12.3	58	400
苜蓿草粉, 脱水	93	15.0	2.3	26.0	1.2	0.22	0.22	8.5	11.0	57	450
苜蓿草粉, 晒干	91	15.0	1.7	29.0	1.4	0.2	0.20	9.0	11.0	55	410
面包渣	91	10.0	11.5	3.0	0.1	0.25	0.18	8.0	6.0	82	50
面包渣, 低灰分/纤维	91	10.0	11.5	1.5	0.1	0.25	0.18	4.0	6.0	82	50
大麦粒	89	11.5	1.9	5.0	0.08	0.42	0.15	2.5	8.6	74	80
大麦粒, 西部产	91	10.6	2.2	6.3	0.04	0.35	0.12	2.7	6.4	73	80
大麦麦芽, 脱水	91	13.7	1.9	3.3	0.06	0.46	—	2.2	9.0	72	60
宽菜豆(巢菜豆)	89	25.7	1.4	8.2	0.14	0.54	0.20	6.0	21.6	72	65
干甜菜渣	91	8.0	0.5	21.0	0.6	0.1	—	3.8	4.3	68	300

续表 4

原料	干物质（%）	粗蛋白（%）	乙醚浸提物（%）	粗纤维（%）	钙（%）	总磷（%）	有效磷（%）	灰分（%）	反刍动物可消化蛋白（%）	反刍动物可消化总养分（%）	铁元素（毫克/千克）
血粉	89	80.0	1.0	1.0	0.28	0.22	0.22	4.4	63.1	60	2500
干啤酒糟	93	27.9	7.4	11.7	0.30	0.16	0.20	4.8	19.1	73	290
干啤酒酵母	93	45.0	0.4	1.5	0.1	1.4	0.45	6.5	41.6	73	100
荞麦粒	88	11.0	2.5	11.0	0.1	0.3	0.10	2.1	7.6	69	44
干黄油奶水	89	2.0	5.0	0.3	1.3	0.9	0.9	10.0	25.3	84	缺
卡诺拉菜粕	91	38.0	3.8	11.7	0.68	1.17	0.30	7.2	32.0	64	175
干酪蛋白	90	80.0	0.5	0.2	0.6	1.0	1.0	3.5	76	74	17
木薯粉	87	2.4	0.3	7.6	0.15	0.08	—	3.0	—	68	缺
干牛粪	90	16.6	—	—	1.6	0.75	—	7.6	缺	缺	80
干柑橘渣	91	6.0	3.7	12.2	1.4	0.1	—	4.6	3.0	74	100
椰子粕、机榨	93	22.0	6.0	12.0	0.17	0.6	—	7.0	18.0	77	缺
黄玉米粒	87	7.9	3.5	1.9	0.01	0.25	0.09	1.1	5.8	80	23
高油玉米粒	87	8.4	6.0	2.0	0.01	0.26	0.09	1.2	缺	85	28
瘪黄玉米，碎玉米穗	88	7.5	3.0	10.0	0.04	0.3	0.07	1.5	4.3	73	缺
玉米心粉	89	2.3	0.4	35.0	0.11	0.04	—	1.5	1.8	42	210
玉米发酵萃取物	53	23.0	0.0	0.0	0.14	1.8	—	10.0	18.2	40	110
湿玉米胚芽粉	90	20.0	1.0	12.0	0.3	0.5	0.15	7.8	19.3	70	330
干玉米胚芽粉	91	17.7	0.9	10.9	0.03	0.5	0.15	3.5	缺	69	320
玉米蛋白饲料	88	81.0	2.0	10.0	0.2	0.9	0.22	7.8	19.3	75	460
玉米蛋白粉，CP=41%	90	42.0	2.0	4.0	0.16	0.4	0.25	3.0	35.7	76	400
玉米蛋白粉，CP=60%	90	60.0	2.0	2.5	0.02	0.5	0.18	1.8	47.4	86	400

续表 5

原料	干物质(%)	粗蛋白(%)	乙醚浸提物(%)	粗纤维(%)	钙(%)	总磷(%)	有效磷(%)	灰分(%)	反刍动物可消化蛋白(%)	反刍动物可消化总养分(%)	铁元素(毫克/千克)
玉米酒精糟（CDDG）	94	27.0	9.0	13.0	0.09	0.41	0.17	2.2	19.3	79	300
玉米酒精糟及糟液干燥物（CDDGS）	93	27.0	8.0	8.5	0.35	0.95	0.40	4.5	21.1	82	300
玉米酒精糟液干燥物（CDDS）	92	27.0	9.0	4.0	0.35	1.3	1.2	8.2	22.8	78	600
棉粕,预压浸提,CP=41%	90	41.0	1.5	12.7	0.17	1.0	0.32	6.4	30.6	71	810
棉粕,机榨CP=41%	91	41.0	3.9	12.6	0.17	0.97	0.32	6.2	32.9	71	100
棉粕,直接浸提,CP=41%	90	41.0	2.1	11.3	0.16	1.0	0.32	6.4	29.5	72	90
棉壳	90	4.0	4.4	43.0	0.14	0.09	—	2.5	3.2	47	—
蟹粉	95	30.0	2.2	10.5	18.0	1.5	1.5	31.0	24.9	27	440
酒精糟及糟液干燥物（DDGS）	91	29.0	8.4	7.8	0.27	0.78	0.35	4.3	20.0	78	320
动物脂肪	99	0.0	98.0	—	—	—	—	—	—	200	—
脂肪,黄油脂	99	0.0	98.0	—	—	—	—	—	—	—	—
植物脂肪	99	0.0	99.0	—	—	—	—	—	—	—	—
羽毛粉	93	85.0	2.5	1.5	0.2	0.7	0.70	3.9	70.1	63	70
鱼粉,AAFCO	88	59.0	5.6	1.0	5.5	3.3	3.3	20.2	缺	59	360
鱼粉,大西洋鲱丁鱼	93	72.0	10.0	1.0	2.0	1.0	1.0	10.4	56.6	73	110
鱼粉,大鳞鱼	92	62.0	9.2	1.0	4.8	3.3	3.0	19.0	48.6	71	880
鱼粉,秘鲁鱼	91	65.0	10.0	1.0	4.0	2.85	2.85	15.0	52.7	73	226
鱼粉,红鱼	92	57.0	8.0	1.0	7.7	3.8	3.8	26.0	46.2	7.	280

续表6

原料	干物质（%）	粗蛋白（%）	乙醚浸提物（%）	粗纤维（%）	钙（%）	总磷（%）	有效磷（%）	灰分（%）	反刍动物可消化蛋白（%）	反刍动物可消化总养分（%）	铁元素（毫克/千克）
鱼粉，沙丁鱼	92	65.0	5.5	1.0	4.5	2.7	2.7	16.0	52.7	70	300
鱼粉，金枪鱼	93	53.0	11.0	5.0	8.4	4.2	4.2	25.0	50.5	71	650
鱼粉．白鱼	91	61.0	4.0	1.0	7.0	3.5	3.5	24.0	51.0	72	80
鱼粉，淡水大肚鲟	90	65.7	12.8	1.0	5.2	2.9	2.9	14.6	53.3	71	620
浓缩鱼溶浆	51	31.0	4.0	0.5	0.1	0.5	0.5	10.0	41.3	42	300
脱水鱼溶粉	93	40.0	6.0	5.5	0.4	1.2	1.2	12.5	缺	76	948
玉米麸，螺旋压榨	89	11.5	6.5	5.0	0.05	0.5	0.17	3.0	8.0	86	65
南非高粱	90	11.8	2.9	2.0	0.04	0.33	—	1.5	7.9	65	100
脱水海藻粉	91	8.9	1.6	3.9	1.2	0.16	—	17.3	7.3	29	566

此表摘引自美国2001年饲料成分表。

1．（缺）指无效数据。

2．所列数据期望能代表相应原料成分，由于一些因素对原料的多种影响不能保证。